DES ÉTANGS,

DE LEUR CONSTRUCTION,

DE LEUR PRODUIT,

ET

DE LEUR DESSÉCHEMENT.

DES ÉTANGS,

DE LEUR CONSTRUCTION,

DE LEUR PRODUIT,

ET

DE LEUR DESSÉCHEMENT.

Par M. Puvis,

ANCIEN OFFICIER D'ARTILLERIE, ANCIEN DÉPUTÉ, PRÉSIDENT DE
LA SOCIÉTÉ ROYALE D'ÉMULATION DE L'AIN, CORRESPONDANT
DE L'INSTITUT ET DES SOCIÉTÉS AGRAIRES DE TURIN, GENÈVE,
PARIS, LYON, ETC., DES ACADÉMIES DE DIJON ET MACON.

Idoneus Patriæ, utilis agris.

PARIS,

CHEZ Mme HUZARD, LIBRAIRE,
Rue de l'Éperon, 7;

ET AU BUREAU DE LA MAISON RUSTIQUE,
Quai Malaquais, 19.

BOURG-EN-BRESSE, IMPRIMERIE DE MILLIET-BOTTIER.

1844.

OBSERVATIONS PRÉLIMINAIRES.

La question des étangs est très-importante en France : bien qu'ils couvrent à peine 209,000 hectares, ou le 250me de la surface totale, il s'en trouve néanmoins, dans plus de moitié de nos départemens, une quantité assez notable pour influer d'une manière fâcheuse sur la salubrité : ainsi leur importance dépend moins de l'étendue de sol qu'ils couvrent, que de l'influence qu'ils exercent sur le pays qui les environne, sur son agriculture, et surtout sur sa salubrité. Ils ne couvrent, en moyenne, guère qu'un 20me de la surface des pays où ils se trouvent, et néanmoins ils suffisent pour modifier d'une manière très-fâcheuse l'état sanitaire et agricole de tout le pays : ainsi le voit-on en Sologne, dans le Forez, et dans les autres pays d'étangs. Leur surface de 209,000, soit 200,000 hectares, réagit donc immédiatement sur une étendue vingt fois plus considérable, sur 4 millions d'hectares, ou 1/13me de celle de la France.

Mais leur effet ne se borne pas au pays lui-même, il s'irradie encore sur les pays environnans, où les vents poussent l'air qui a séjourné sur ces masses d'eaux stagnantes et sur leurs bords marécageux. Ainsi le coteau du Beaujolais accuse les étangs du plateau de Dombes, placés de l'autre côté de la Saône, des fièvres intermittentes dont il est quelquefois affligé. Cette question est donc très-importante pour la France entière ; aussi a-t-elle occupé une foule d'écrivains d'économie politique : dans la dernière moitié du 18e siècle, Rosier, Hauteroche, Froberville, ont traité particulièrement la question des étangs, les ont regardés comme de grandes sources d'insalubrité, et ont demandé leur dessèchement ; cette opinion avant eux était déjà celle d'un grand nombre, mais énoncée par eux, elle devint à peu près générale : aussi lorsque dans le mouvement qui agita tous les esprits au commencement de la révolution, il fut question de réformer tous les abus, de détruire tout ce qu'on croyait pouvoir nuire

1

aux intérêts généraux, les étangs furent signalés comme devant disparaître du sol de la France.

Il est à propos de suivre ici les diverses phases que la législation a imprimées successivement à cette question, et de rappeler sommairement les débats qu'elle a provoqués à diverses reprises dans notre pays.

En 1790, les habitans de plusieurs communes de Dombes demandèrent le desséchement des étangs; l'opinion publique les appuya. M. Varenne de Fenille leur prêta l'appui imposant de son suffrage et de ses écrits. Les pays d'étangs, dans le midi de la France, firent de semblables demandes. La question fut long-temps agitée dans les comités d'agriculture de nos deux premières assemblées délibérantes, la Constituante et la Législative; enfin, le 17 novembre 1792, la Législative rendit un décret *qui autorisait les conseils généraux des départemens, sur la demande formelle des conseils municipaux et des conseils d'arrondissemens, à ordonner la destruction des étangs qui, d'après les avis et les procès-verbaux des gens de l'art, pouvaient occasionner des maladies épidémiques ou épizootiques, ou qui, par leur position, seraient sujets à inonder et à ravager les propriétés inférieures.*

Cette loi resta sans être exécutée, parce qu'elle était vague et que son exécution demandait trop de formalités; plus tard la Convention les supprima toutes. Par son décret du 4 décembre 1793, elle ordonna, *sous peine de confiscation, le desséchement de tous les étangs.* La plupart des propriétaires ou fermiers obéirent et évacuèrent leurs eaux; mais d'autres les conservèrent, soit parce que les propriétaires étaient absens, soit parce qu'ils ne savaient quel parti tirer de ces étangs desséchés. Nulle part, de ce desséchement brutalement ordonné, mal et incomplètement exécuté, on ne recueillit les résultats qu'on attendait; l'insalubrité sembla peu diminuer, et les produits ruraux s'affaiblirent beaucoup au lieu de s'accroître. On réclama de toutes parts, et le 4 mars 1795 un décret suspendit l'exécution de celui de 1793, et un second du 1er juillet le rapporta, et chargea le comité d'agriculture de faire une enquête sur les moyens d'assainir les pays d'étangs. Une commission, composée d'agriculteurs habiles, de savans distingués, et présidée par Berthollet, reçut la mission d'aller visiter ces pays et de faire l'enquête demandée. Le rapport parut en l'an IV, au nom de la commission d'agriculture et des arts ; mais ce rapport n'amena aucun résultat ; il fondait en partie ses moyens d'améliorations sur des erreurs matérielles qu'il importe beaucoup de ne pas laisser subsister, et que par cette raison nous rectifierons dans le cours de cet écrit.

Dans les pays d'étangs, dans ceux même qui avaient demandé le dessèchement, il y eut donc une espèce de réaction ; la population, qui n'avait pas recueilli les résultats qu'elle attendait, vit avec plaisir se rétablir ces grands réservoirs d'eau ; ils reprirent faveur avec aussi peu de raison qu'on les avait proscrits en masse, bientôt même des propriétaires nombreux s'occupèrent d'en créer de nouveaux ou d'agrandir les anciens.

Quinze ans après un nouveau débat s'engagea ; un homme de bien et de mérite, ancien constituant, M. Piquet, président du tribunal civil de Bourg, jeta le gant et demanda de nouveau le dessèchement : des adversaires nombreux surgirent du pays inondé ; la défense fut plus vive, plus nombreuse et mieux soutenue que l'attaque. M. de la Beyvière, qui jouissait à juste titre d'une haute considération dans le pays, prit parti contre son ancien collègue (1) ; l'avantage et la parole restèrent aux partisans des étangs. Aujourd'hui les choses se passent tout autrement ; le système de la culture en étangs, défendu précédemment par la presque unanimité de leurs propriétaires, est attaqué par un assez grand nombre d'entr'eux qui possèdent dans le pays de grandes étendues, et prêchent à la fois d'exemple et de raisons ; ils montrent les dessèchemens qu'ils ont faits, les résultats qu'ils ont obtenus, et demandent instamment, au nom du pays et de la salubrité publique, un moyen d'arriver au dessèchement général.

On ne doit en aucune façon accuser d'inconséquence le

(1) Tous deux avaient été membres de l'Assemblée constituante, où ils votaient sur les mêmes bancs.

système qu'ils adoptent maintenant, et que leurs prédécesseurs ont repoussé de tous leurs moyens : la question a réellement changé de face ; un élément nouveau a modifié entre leurs mains les conditions de culture et les produits du pays inondé : la chaux, partout où elle a été employée par eux, a changé le sol stérile en sol fécond ; le froment a pris la place du seigle, et le trèfle celle de la jachère ; elle leur fournit le moyen de nourrir des animaux plus nombreux, de créer des engrais, de tenir leur sol plus meublé et purgé de mauvaises herbes ; ils se sont par là assurés qu'avec son aide ils pourront, sans le secours des étangs, cultiver avec profit de grandes étendues de sol. Mais cette opinion, toute bien fondée qu'elle soit, est encore loin d'être générale ; elle est bien celle de la plupart des grands propriétaires qui, habitant sur les lieux, ont assez d'aisance pour pouvoir faire des avances à leur sol, et sont assez éclairés pour juger avec connaissance de cause que les étangs sont loin d'être nécessaires à la culture et à la prospérité du pays. Mais la plus grande partie des propriétaires du sol sont absens et cultivent par des fermiers le plus souvent sans avances : les uns ne peuvent ou ne veulent consacrer des capitaux à un sol peu productif ; les autres, et en plus grand nombre, ne sont pas convaincus, et leur conviction n'arrivera que lentement. C'est donc aux hommes honorables qui se sont mis sur la brèche à persister dans leurs travaux, à continuer leurs améliorations ; leurs succès, qui frapperont les yeux, amèneront nécessairement des imitateurs. C'est dans les prairies fécondes, dans les champs fertiles qui prennent et prendront la place de leurs anciens étangs, que s'établira la conviction qui doit entraîner le grand changement. Mais les progrès agricoles sont en général bien lents ; il faut aux faits qui servent à les déterminer souvent la révolution de plusieurs années ; la marche de l'amélioration ne peut donc être ici que graduée, successive ; et puis ce n'est pas assez pour un propriétaire d'étangs d'être convaincu, il lui faut encore les moyens et les avances nécessaires pour adopter de nouveaux systèmes de culture et supprimer ses étangs. Pendant bien des années donc encore les étangs offriront de l'importance dans notre pays, où ils sont maintenant la question principale d'un tiers de son étendue.

Cependant la discussion a continué : les défenseurs des étangs, qui d'abord s'étaient tus et avaient laissé leurs adversaires seuls dans la lice, ont voulu compenser leur arrivée tardive par la chaleur qu'ils ont mise dans leur défense ; ils ont même mêlé, dans leurs réponses, les questions personnelles : aussi la discussion, d'abord calme de la part des assaillans, s'est bientôt aussi aigrie de leur côté ; et la question générale, la question d'utilité publique, a presque disparu dans la discussion, au milieu des mouvemens passionnés qu'elle a fait naître.

Toutefois, la vivacité de la discussion s'explique assez naturellement, sans cependant tout-à-fait se justifier, quand on réfléchit que, sans compter les susceptibilités d'amour-propre, de grands intérêts matériels s'y trouvent engagés et ont pu passionner ceux qui ont craint de les voir compromis.

Si rien ne changeait dans l'agriculture de la Dombes, si on n'employait ni labours profonds, ni charrues Dombasle, ni prairies artificielles, si surtout la chaux ne venait rendre l'énergie au sol, et si enfin l'agriculture restait ce qu'elle était il y a cinquante ans ; comme à cette époque la culture du sol en labour serait peu profitable, et les étangs seraient bien encore les fonds les plus productifs du pays. Leurs partisans n'ont pas admis la puissance de ces grandes et heureuses innovations, et par suite ils ont regardé toute mesure qui pouvait conduire au dessèchement, comme étant pour eux-mêmes une source de ruine ; on conçoit que cette crainte a pu facilement les mettre hors de mesure. Ceux au contraire qui voyaient dans cette opération un accroissement d'aisance générale et l'assainissement de la contrée entière, avaient tout motif d'être plus calmes dans la discussion ; aussi ne se sont-ils émus que quand on les a eu personnellement attaqués.

Mais si la direction qu'a prise la discussion a plutôt fait rétrograder qu'avancer la question sous le point de vue de l'intérêt public, une circonstance qui a amené la discussion peut, à ce que nous pensons, lui faire faire des progrès : une enquête demandée par le conseil général a été organisée par le préfet; les personnes qui en étaient chargées offraient, par leur position, des garanties d'impartialité et de connaissance des choses. Trois habitent le pays inondé, cinq y sont propriétaires; l'un est président du tribunal civil de Bourg, deux autres président, l'un la Société royale d'agriculture de Lyon, et l'autre, celle de Bourg; enfin la Société agronomique de Trévoux, chef-lieu de la contrée inondée, y était représentée par son secrétaire; et la question de salubrité a pu être étudiée, parce que trois des commissaires sont médecins, et ont à Lyon, Bourg et Trévoux, une pratique étendue.

Cette commission, pour remplir son mandat, a exploré le pays, interrogé ses habitans les plus notables, recueilli des renseignemens nombreux, éclairci des points importans, et pour accomplir sa mission, elle a résumé toutes les lumières qu'elle a recueillies dans un rapport étendu, où elle a énoncé et motivé son opinion sur les principales et plus importantes questions soulevées par la discussion. Ce rapport, dont nous avons été le rédacteur, nous le donnons à la suite de ce travail, comme en formant le complément, comme contenant des données précises sur les principaux points de la question : nous avons préféré, pour lui laisser toute son autorité, le donner en texte plutôt que de le fondre dans notre écrit; et pour éviter les redites, nous y avons renvoyé lorsque nous avons eu à traiter les mêmes sujets.

Comme les étangs sont une question d'économie publique en France, cette enquête offre un grand intérêt à tous les pays d'étangs, parce qu'ils ont entre eux une grande analogie de sol et jusqu'à un certain point de climat.

Mais pour rentrer dans la question générale, nous dirons que les étangs offrent, dans la partie inondée de notre pays où ils couvrent le 5me ou le 6me du sol, la moitié peut-être du revenu net. Comme ils étaient nombreux, et qu'on leur avait sacrifié le meilleur sol, on a dû faire des efforts pour en tirer un parti avantageux; aussi en est-il résulté que, bien que nos étangs soient loin d'être les meilleurs de France, ils sont cependant, à ce qu'il semble, ceux dont on tire le plus grand produit relatif; leur position près de Lyon, grand centre de population et par conséquent grand débouché, a été pour eux un puissant encouragement, et un moyen de débit prompt et facile pour le poisson et l'avoine qu'ils produisent.

On a peu écrit en France sur la conduite et la direction des étangs; dans le département de l'Ain, comme ailleurs, les adversaires et les partisans qui en ont parlé se sont occupés à peu près exclusivement de leur desséchement; ce n'est donc pas dans leurs écrits qu'on a pu apprendre à les connaître ni à les bien diriger : cependant Revel le jurisconsulte, et Collet qui l'a suivi, leur ont dans leurs ouvrages consacré quelques chapitres.

La *Statistique du département de l'Ain* a donné un résumé bien fait, mais trop court, sur leur construction, leur culture et leur produit; et M. Vaulpré, médecin, a fait dans le temps, à leur sujet, paraître une brochure remarquable. On a publié dernièrement, dans la *Revue britannique* et dans les journaux agronomiques, sur la conduite des étangs en Allemagne, des notices dont les auteurs nous ont semblé peu connaître le sujet qu'ils traitaient.

Il vient de paraître un mémoire de M. Masson, sur l'aménagement des étangs de l'Indre; ces étangs sont destinés à inonder, en cas de guerre, les places de Metz et de Marsal; mais leur destination, le sol qu'ils recouvrent, offrent des spécialités qui ne peuvent s'appliquer qu'à un très-petit nombre de localités.

M. de Marivaux a publié, dans les *Annales d'agriculture*, un mémoire bien fait sur les étangs de la Brenne; et M. Durand, dans le *Journal agronomique de la Loire*, a donné des détails sur ceux du Forez; mais ces écrits ne traitent que quelques parties du sujet.

Il manque donc sur cette question importante un écrit suffisamment développé, qui résume les connaissances que demandent leur construction, leur entretien et leur administration bien entendus, qui décrive les améliorations faites, celles qui restent à faire, qui fasse connaître encore leur économie, leur produit et les procédés de pratique, tant dans les autres pays que dans le nôtre ; c'est là le premier but que nous nous sommes efforcé de remplir.

Les étangs, dans les écrits des agronomes français, ont été envisagés superficiellement et sous de faux points de vue ; la plupart d'entr'eux ne les connaissaient pas ; il était donc essentiel de rectifier les erreurs qu'ils ont fait naître, parce qu'elles peuvent être très-nuisibles aux pays d'étangs, en donnant aux hommes chargés de la haute administration et de la législation, des idées fausses qui peuvent servir à motiver des mesures mal conçues et des dispositions législatives encore plus fatales. Ainsi le rapport de la commission d'agriculture et des arts, ouvrage cependant d'hommes habiles, donne sur les étangs des idées peu justes qui restent encore dans les mains du gouvernement comme des vérités et qui peuvent l'égarer. Il est donc important dans l'intérêt de tous les pays d'étangs, et dans l'intérêt de la vérité, de rappeler la question à des termes plus vrais ; c'est encore là ce que nous nous sommes proposé.

Enfin la question du dessèchement, qui intéresse à un si haut point la salubrité publique et la prospérité d'une grande étendue du sol français, se trouvera traitée avec tout le développement convenable dans le rapport sur ce sujet, où on s'est particulièment efforcé de préciser les moyens de faire du dessèchement une opération essentiellement profitable à ceux qui s'y décident et au pays lui-même.

Toutefois, ces divers motifs d'utilité publique n'ont pas été les seuls qui nous ont engagé à entreprendre ce travail ; nous avons reçu à ce sujet, de la Société de l'Ain, une tâche à remplir ; et dans la distribution qu'elle a faite entre ses membres pour la rédaction d'une nouvelle statistique, nous avons accepté dans notre lot, entr'autres, cette importante question.

Nous avions plusieurs motifs pour ne pas refuser cette tâche.

D'abord cette agriculture spéciale intéressait à la fois la salubrité du pays et la prospérité publique ; à ce double titre elle avait dès long-temps fixé notre attention : ensuite la nature et les caractères du sol argilo-siliceux imperméable du plateau de

Bresse et de Dombes où sont placés les étangs, les moyens de le féconder, et les pays d'étangs en particulier, étaient depuis trente ans pour nous un sujet spécial d'études.

Dans la *Notice statistique de* 1826, couronnée par l'Institut, les étangs et leur dessèchement avaient déjà été l'objet de considérations nombreuses extraites d'un grand travail inédit sur la Dombes.

Enfin, propriétaire d'une étendue de plus de 150 hectares d'étangs, nous avons dû pratiquer et apprendre leur culture.

Mais dans un pareil sujet, dans ceux même qu'on a le plus long-temps étudiés, on ignore encore beaucoup plus qu'on ne sait.

Pour nous mettre au niveau de notre tâche, et afin de faire profiter le pays de ce qu'il peut y avoir ailleurs de pratiques meilleures et mieux entendues, nous avons recueilli des renseignemens sur la conduite, l'administration et le produit des étangs dans les différentes parties de la France; nous avons comparé les procédés et les résultats entr'eux, pour mettre nos cultivateurs à même de choisir : lorsque notre travail était déjà beaucoup avancé, il a été inséré en partie dans l'*Encyclopédie agricole, Maison rustique du* 19me *siècle.* Toutefois, d'importans chapitres n'ont point paru dans cette publication, et les fautes d'impression y sont nombreuses et la dénaturent; elle demandait donc à être complétée, rectifiée.

Et puis la question, depuis lors, a fait de grands progrès sous l'influence du temps et peut-être aussi de l'enquête; nous avons donc rapproché notre travail de l'état actuel des choses, nous l'avons modifié, grandi et amélioré peut-être, au moyen d'un peu plus d'expérience. Avant de le composer, nous avions vu et étudié les autres pays d'étangs, en sorte que nous avons pu, sans lui ôter son caractère d'utilité locale, le rendre applicable aux contrées de culture analogue; nous le livrons donc aujourd'hui avec espérance qu'il pourra être utile, parce qu'il est consciencieux, que le temps, la réflexion et l'étude ne lui ont pas manqué, et qu'il est fait sans autre vue que celle de l'intérêt public.

— ❦ —

CHAPITRE PREMIER.

DE L'ÉTENDUE, DE LA SITUATION ET DE L'IMPORTANCE DES ÉTANGS
EN FRANCE.

Les étangs occupent une assez grande étendue de sol en
France : la commission d'agriculture et des arts, dans son
rapport général publié en l'an IV, en comptait plus de 14,000
sur une étendue de 100,000 hectares. Cette commission avait
établi ses résultats sur des renseignemens pris sur les lieux par
des commissaires spéciaux envoyés dans les principaux pays
d'étangs ; ce mode de procéder l'ayant mise à même de donner
un chiffre assez précis sur leur nombre, nous l'admettrons,
quoique depuis cette époque ils aient beaucoup plus augmenté
que diminué ; mais elle commit de graves erreurs sur leur
étendue : ainsi dans le département de l'Ain elle la porta à
moins de 9,000 hectares, tandis que les résultats cadastraux
recueillis dans les tableaux statistiques, publiés en 1835 par le
ministre du commerce, la font monter à 20,000. Dans cette
évaluation ne se trouvent pas compris plus de 4,000 hectares
en lacs, rivières et ruisseaux.

On conçoit la cause des erreurs de la commission qui prit
pour base de la superficie indiquée les déclarations des pays
d'étangs ; les propriétaires qu'on consultait, et qui craignaient
toujours d'être contraints au dessèchement, crurent de leur
intérêt pour les conserver, d'en diminuer l'étendue, afin que
dans ce temps où l'on voulait tout semer, tout mettre en grains
ou pommes de terre, on jugeât moins important de rendre à la
culture une faible surface. La dissimulation ne fut sans doute
pas partout la même ; mais en résultat général, elle semble bien
avoir été au moins de moitié comme dans le département de
l'Ain : aussi le cadastre a donné, en 1835, 209,000 hectares
pour la surface totale des étangs en France, non compris 450,000

en rivières, lacs et ruisseaux. Toutefois, comme dans ces 209,000 hectares se trouvent compris les étangs salés qui ne communiquent pas directement avec la mer et qui sont assez étendus, surtout sur les côtes de la Méditerranée, nous prendrons 200,000 hectares pour la superficie probable des étangs placés dans l'intérieur des terres, et susceptibles par conséquent d'être pêchés et desséchés.

Parmi les pays d'étangs, on remarque en premier ordre la Sologne, grand plateau entre la Loire et le Cher qui s'étend sur trois départemens, le Loiret, le Loir-et-Cher et le Cher; c'est le pays d'étangs dont on a le plus parlé, parce qu'il est le plus près de Paris. Sur 200 lieues carrées, il renferme 1,370 étangs, dont le rapport de la commission ne porte la contenue qu'à 18,000 arpens, au lieu de 17,000 hectares qu'a trouvés le cadastre.

Après la Sologne, vient la Dombes et une partie de la Bresse, département de l'Ain ; le pays inondé, celui où se trouvent les étangs, renferme 60 lieues carrées de 2,000 hectares : leur nombre est porté dans le rapport à 1,667, et leur surface cadastrale est de 20,000 hectares.

On cite ensuite la Brenne, département de l'Indre, où sur une étendue de vingt communes seulement, 95 étangs couvrent 7,000 hectares.

Les étangs du Forez, département de la Loire, sont placés sur un plateau assez élevé dans le bassin de ce fleuve ; ils couvrent plus de moitié de l'espace de ceux de la Brenne.

Dans le Jura, dont le plateau argilo-siliceux n'est que la continuation de celui de Dombes et Bresse qui, en se prolongeant, va toujours en baissant de niveau, ils ne sont ni très-nombreux, ni très-étendus, et néanmoins leur assolement paraît assez bien entendu.

Ces différens pays d'étangs qui sont les plus connus, renferment cependant à peine un tiers de ceux qui existent en France. Parmi les départemens qui en contiennent le plus, après ceux que nous venons de nommer, on remarque Saône-et-Loire, l'Allier, la Nièvre, le Lot, Maine-et-Loire et la Marne.

Si nous voulons maintenant arriver à déterminer l'étendue des pays d'étangs en France, question qui n'est pas sans importance, nous remarquerons que les 20,000 hectares inondés de l'Ain, sur 60 lieues de 2,000 hectares carrées, et 52 communes, occupent un sixième de l'espace total. En Sologne, les étangs couvrent 17,000 hectares ou moins du vingtième de la superficie totale : adoptant cette moyenne comme la proportion générale de la surface des étangs au reste du sol dans les pays inondés, les 200,000 hectares d'étangs appartiendront à une étendue de 4 millions d'hectares, ou à un treizième de la France. Les étangs sont donc une grande question agricole qui fut dans le temps bien légèrement tranchée, lorsqu'on ordonna leur dessèchement sans exception et sans intermédiaire.

Le dessèchement simultané et la culture immédiate de ces 200,000 hectares auraient demandé la construction de 5,000 domaines de 40 hectares chacun : cette construction, le cheptel d'animaux de labour et de rente nécessaires pour le travail et le produit, les instrumens et tout le mobilier agricole, les semences à fournir au sol, le capital nécessaire soit pour faire les premières avances de dessèchement, d'assainissement et de défrichement, soit pour commencer et continuer la culture, eussent exigé au moins 20,000 francs par domaine, ou 100 millions pour le tout.

Mais ces 100 millions qui les eût fournis? l'Etat ou les propriétaires? L'Etat ne l'eût pas voulu; les propriétaires, qu'on privait du plus clair de leurs revenus, ne l'eussent pas pu; puis il aurait fallu y improviser une population de 50,000 âmes, et la décider à entreprendre l'exploitation de terres humides, froides, d'une culture difficile, sans prairies, dans des pays malsains. Et cette population où l'eût-on prise? Elle ne pouvait se trouver dans le pays même où elle manque pour la culture; il eût donc fallu la recruter dans les contrées voisines dont on n'eût pu entraîner que la lie en la payant outre mesure; les capitaux de dessèchement entre ses mains eussent bientôt été dévorés sans fruit. La mise en culture immédiate était donc impossible. D'ailleurs le dessèchement simultané, sans culture, eût aussi été la ruine du pays, parce qu'il lui eût ôté la plus grande partie de son produit net à l'aide duquel il faisait valoir le reste du sol. La loi qui supprimait les étangs ne fut donc point exécutée, et n'était point exécutable; tel sera toujours le sort des mesures exagérées. Cette question depuis est restée dans le domaine des spéculations particulières qui ont fait ou défait les étangs, suivant leur caprice ou leur intérêt bien ou mal entendu.

CHAPITRE II.

ANCIENNETÉ DES ÉTANGS.

Cette manière de tirer parti du sol ne paraît dater que du moyen-âge ; l'agriculture ancienne ne connaissait pas les étangs ni leur exploitation régulière. Les étangs de Caton l'Ancien semblent avoir été plus particulièrement de grands dépôts de poissons pris dans les rivières ou dans la mer, pour y attendre leur vente, leur consommation, et les y préparer en les engraissant. Toutefois, le luxe des derniers temps de la république romaine créa à frais immenses des viviers pour les poissons de mer et quelques poissons d'eau douce ; Murena les inventa, et, après lui, Hortensius, Lucullus, César, en établirent dont l'histoire a conservé le souvenir. Mais ces établissemens demandaient, pour être construits, toutes les ressources des hommes les plus puissans d'une nation qui avait accaparé les richesses du monde.

Ils paraissent avoir eu peu d'analogie avec nos étangs ; c'était des réservoirs construits à grands frais et entretenus pleins par communication avec la mer ou avec les eaux des sources et des rivières, pendant qu'une grande partie de nos étangs, placés dans des pays où ces eaux sont rares, sont dus à des eaux de pluie réunies et retenues dans des plis ou inflexions de terrain par des barrages en terre.

Lucullus coupa une montagne pour amener un bras de mer dans ses réservoirs. Le grand Pompée, nous dit Pline, l'appelait le Xercès romain.

Les murènes ou lamproies étaient, à ce qu'il semble, le poisson le plus recherché pour sa chair délicate. Caïus Hirtius prêta à Jules César, pour les festins qu'il donna au peuple pendant son triomphe, six mille murènes, sans vouloir les changer ni les vendre. Ce grand nombre de poissons d'une même espèce, entre les mains d'un seul homme, doit faire penser qu'on était parvenu à les propager dans les viviers; on les y engraissait d'ailleurs pour la consommation; on les nourrissait d'autres poissons et de toute espèce de chair. L'histoire nous a transmis l'horrible fantaisie de Védius Pollion, qui faisait jeter à ses grandes murènes des esclaves tout vivans.

On apprivoisait ce poisson et on le faisait venir en l'appelant; l'orateur Hortensius pleura la mort de l'une des lamproies qu'il avait dans ses réservoirs, et son héritière, sa fille Antonia, choisit parmi ses murènes une favorite qu'elle ornait d'anneaux d'or et qui devint un grand sujet de curiosité pour le pays.

On construisait aussi des viviers pour les autres espèces de poissons qu'on engraissait, pour les huîtres qu'on amenait de fort loin dans ces réservoirs, où les soins qu'on leur donnait les rendaient plus savoureuses.

Mais tous ces travaux étaient des ouvrages de luxe plutôt que de produit; et ni les étangs, ni l'élève des poissons, n'ont été, à ce qu'il semble, pour les anciens, un moyen de faire valoir le sol.

Dans les temps modernes, on cite peu d'étangs artificiels pour les poissons de mer; cependant il en existe un sur les côtes d'Ecosse, qui vide en partie ses eaux à chaque marée; mais c'est plutôt un réservoir pour conserver le poisson, qu'un étang pour la propagation des espèces; on a remarqué que ces eaux salées peuvent nourrir et entretenir pendant quelque temps des écrevisses, des truies saumonées; les perches y vivent peu de temps, les huîtres s'y engraissent l'hiver et périssent l'été.

Il paraît qu'à Londres on a des réservoirs d'eau salée où l'on tient des poissons de mer vivans à la disposition des consommateurs; on a tenté sans succès à Paris d'imiter une pareille entreprise.

L'invention des étangs tels que nous les avons maintenant, serait due, à ce qu'il semble, au moyen-âge; à cette époque, les nombreux couvens qui souvent ne mangeaient que du maigre, et cependant voulaient bien vivre, les propriétés étendues et l'influence du clergé, le nombre des jours maigres de près de moitié de l'année, ordonnés à toutes les classes, le peu de travail nécessaire à l'exploitation du sol une fois couvert d'eau, enfin la population rare d'ordinaire sur l'espèce particulière de terrain qui convient à la réussite des étangs, ont été des causes déterminantes pour les multiplier.

L'autorité attribua à tout propriétaire, maître d'un emplacement propre à établir une chaussée, le droit d'en élever une et de couvrir d'eau tous les fonds placés au-dessous du niveau supérieur de sa chaussée.

Rien n'annonce que ce droit fût borné aux classes privilégiées; chacun donc pouvait établir des chaussées et des étangs sur son fonds, et même sur celui d'autrui; mais lorsqu'il n'était point seigneur féodal, le seigneur lui réclamait les laods et la régale; ces droits, il est vrai, étaient contestés, et Collet ne pense pas qu'ils fussent dus.

Lorsque la chaussée couvrait d'eau des fonds qui n'appartenaient point à celui qui la construisait, les propriétaires devaient être indemnisés à leur choix, ou par le prix en argent de ces fonds, ou par la cession d'autres de même valeur qu'on leur assignait hors de l'étang, ou enfin par le droit de culture de leurs fonds dans l'année d'*assec*, et de pâturage dans les années d'eau, et, en outre, dans une part proportionnelle dans l'*évolage* ou produit du poisson. Mais, pour acquérir ce dernier droit, il fallait avoir contribué pour une part proportionnelle dans l'établissement de la chaussée. La culture du sol, sous le nom d'assec, devait revenir chaque troisième année et être suivie de deux années en poisson, sous le nom d'évolage.

Tels étaient, à ce qu'il semble, dans notre pays, les droits des propriétaires des fonds qu'on couvrait d'eau par des chaussées, ceux du moins que l'acte authentique, connu sous le nom de *coutume de Villars,* constate appartenir à tous les fonds inondés par l'exhaussement de ces chaussées; cependant, le plus souvent, les droits d'assec sont sans évolage; les propriétaires y auraient donc renoncé avec ou sans indemnité.

Lorsqu'on commença à établir les étangs, pour se décider à des constructions aussi dispendieuses, il fallait, comme nous le verrons plus tard, que le pays fût riche et populeux; les fonds en culture y avaient de la valeur, on ne les abandonna donc pas sans se réserver une part dans l'évolage. Lorsque plus tard, par suite de l'inondation du sol, la population devint rare, et la culture des terres peu productive, le propriétaire renonça sans peine à prendre sa part du poisson qui eût exigé de lui une part des frais de construction et d'entretien de la chaussée; tout en perdant la libre disposition de son fonds, le pâturage qu'on lui accordait dans toute l'étendue de l'étang pendant les deux années que le sol était couvert d'eau, la culture facile, productive, et sans engrais de son sol, la troisième année, étaient de grandes, sinon de suffisantes compensations; aussi nous pensons que, dans notre pays, beaucoup d'étangs ont été faits par convention mutuelle, convenance réciproque, et souvent sans autre indemnité pour le propriétaire du sol que le droit d'assec et de pâturage.

Dans le temps, les propriétaires ont trouvé sans doute avantage à inonder leurs fonds, puisqu'ils l'ont fait en un aussi grand nombre de lieux. Le prix élevé du poisson, son facile débit, le peu de main-d'œuvre nécessaire à la culture, engagèrent à construire des étangs; mais les intérêts généraux, et bientôt les intérêts particuliers, en souffrirent eux-mêmes. L'insalubrité du pays s'accrut, la masse générale de la main-d'œuvre nécessaire à la culture du sol diminua; avec un moindre besoin de bras, une partie de la population cessa d'avoir de l'emploi et alla en chercher ailleurs. La construction des étangs absorba une grande partie du capital agricole; les étangs devenus une fois le produit principal, la culture des autres fonds fut négligée. La plupart des fonds des vallons couverts de prairies furent changés en étangs dont le produit était plus élevé; avec le nombre des étangs s'accrut l'insalubrité, et, par suite, la dépopulation du pays; et bientôt on fit par nécessité ce qu'on avait d'abord fait par spéculation. L'agriculture, dans toutes ses branches, fut donc énervée et tomba dans la langueur où nous la voyons aujourd'hui: la prospérité générale du pays fut donc attaquée jusque dans ses sources les plus fécondes par

2

une opération qui favorisait, il est vrai, momentanément quelques intérêts individuels, mais qui, en détruisant les prairies,
anéantissait les moyens de féconder le sol. En même temps, par
une réaction toute naturelle, la diminution de prospérité agricole, de salubrité et de population, se fit sentir au pays tout
entier. Ceux mêmes qui avaient trouvé quelque bénéfice présent
et matériel à construire des étangs, ou, plus tard, la génération
qui les suivit, perdirent beaucoup plus qu'ils n'avaient gagné.
Ceux dont les fonds ne furent pas inondés, c'est-à-dire les propriétaires des cinq sixièmes de la surface, virent s'évanouir
une grande partie de leur revenu net: nous portons donc
maintenant la peine de nos imprudens devanciers. Le but serait
de revenir à la prospérité, à tous les biens perdus; mais au point
où nous sommes arrivés, nous éprouvons qu'il est bien difficile
de revenir à un meilleur ordre de choses.

La construction des étangs semble avoir été postérieure
à l'établissement des redevances féodales; ces redevances se
stipulaient en denrées et comprenaient tous les produits du
sol; or, il ne paraît pas qu'il y en ait eu de stipulées en poissons: on peut donc regarder comme certain que si, alors que
des conquérans se rendirent maîtres du sol, les étangs eussent
existé, on trouverait dans les inféodations ou les concessions
qu'ils firent d'un sol dont la conquête les rendait maîtres, et,
dans les reconnaissances qui ont suivi, de nombreuses stipu-
lations en poissons, denrée recherchée et devenue, pour le
luxe, les habitudes des riches, et, par suite des préceptes religieux, un objet de première nécessité.

Nous remarquerons, en passant, qu'on puise dans ces archives
anciennes de l'asservissement du sol, des renseignemens importans sur l'histoire et la culture du pays; ainsi, par exemple,
de ce que les redevances féodales ne sont stipulées ni en maïs
ni en blé-noir, il faut conclure que l'introduction de ces deux
espèces de grains dans notre culture n'est pas ancienne; ainsi
encore, dans les pays où elles sont stipulées en froment, seigle
et avoine, on doit conclure (puisque la culture successive des
céréales ne peut avoir lieu sans jachère) que, lors de leur

établissement, l'assolement avec jachère subsistait, et que le système de culture alterne sans repos de la terre est une nouveauté dans notre agriculture, comme en général dans l'agriculture française.

Ces observations nous autorisent donc à conclure en premier ordre que, dans notre contrée, les étangs ne sont pas très-anciens ; et, en second lieu, que la culture exclusive des céréales avec jachère a été anciennement notre seul système agricole. Nous pouvons même croire, d'après un grand travail statistique qui se trouve à la bibliothèque publique de Bourg, et qui a été fait au milieu du XVIIme siècle, cinquante ans après la réunion de nos provinces à la France, que la jachère dominait encore dans notre culture ; que la culture alterne était alors peu générale, et que le maïs, qui en est un des principaux produits, ne se cultivait que dans un assez petit nombre de communes de Bresse ; aussi y est-il à peine question des engrais de bestiaux ; par conséquent, cette industrie, comme la culture des récoltes sarclées ou des menus grains, ne date guère, en Bresse, que de trois siècles. La grande amélioration qu'en a reçue notre sol, et l'aisance qui en est résultée pour notre pays, ne s'y sont donc développées qu'après notre réunion à la France, et sont dues en plus grande partie à la paix et au repos qu'elle nous a procurés.

C'est à l'époque de l'introduction de ces cultures nouvelles et de la prospérité qu'elles ont déterminée dans le pays, qu'il faut encore rapporter le desséchement des étangs de Bresse, jadis presque aussi nombreux quoique moins étendus que ceux de Dombes. Ce desséchement fut lui-même un nouveau et grand moyen de prospérité, parce qu'en même temps qu'il rendait la salubrité à la contrée, le sol inondé y fut presque partout rappelé à son ancien état de prairies.

CHAPITRE III.

BUT ET UTILITÉ DES ETANGS.

La culture en étangs offre un moyen de tirer parti du sol avec peu de travail et sans engrais; ce sont là de bien notables avantages pour les pays de population rare, et où la main-d'œuvre est chère.

Outre le produit en poissons, qui est avantageux près des villes, les étangs, là même où l'on en tire le moins bon parti, et lors même qu'ils sont toujours en eau, fournissent pour les bestiaux des ressources notables par le fourrage qu'on fauche sur leurs bords, et par le pâturage qu'ils offrent pendant une grande partie de l'année.

Dans les pays où leur culture est le mieux entendue, on les alterne en eau et en labourage; en eau, ils donnent, outre le poisson, un pâturage aux animaux de la ferme; et, en assec, avec peu de travail et sans engrais, ils produisent de bonnes récoltes de grains et de paille. Cette paille devient, à défaut de meilleur fourrage, un moyen de nourriture et d'engrais pour la culture du pays. Les étangs y sont donc devenus, dans l'état des choses, un des besoins de l'agriculture; et, pour remplir ce besoin, en les desséchant, il serait nécessaire qu'une partie de leur sol fût, comme en Bresse, rétabli en prairies, état où ils produiraient trois ou quatre fois plus de nourriture de bestiaux.

Il est des pays où les étangs sont d'utilité publique; ainsi le canal du midi et plusieurs autres importans, en France, sont alimentés par eux : ils sont donc là une nécessité première pour la navigation.

Dans d'autres lieux, ils sont employés au flottage des bois pour l'approvisionnement de Paris; dans l'Yonne, par exemple, en trente années, leur nombre s'est beaucoup accru, depuis surtout qu'on a imaginé de faire verser leurs eaux dans de petites rivières qui deviennent ainsi flottables et portent, dans les bassins des plus grandes, des bois auparavant sans débouchés. La Puisaye, plateau assez élevé qui sépare l'Yonne de l'Allier, a, par leur moyen, quadruplé le produit de ses bois; il en serait presque autant dans le département de la Marne, et cet accroissement de valeur des bois, en augmentant la richesse du pays, a réagi sur tout le reste du sol, sur sa culture, et la valeur des terres s'est accrue dans une proportion presque égale.

Les étangs servent aussi, dans quelques pays, à l'irrigation des prairies; par leur moyen, on recueille les eaux des pluies et des sources, et lorsqu'elles y sont accumulées, on les répand sur le sol inférieur qui, sans elles, n'offrirait, le plus souvent, que des terres de qualité médiocre. Ces étangs, quoique assez nombreux en France, sont beaucoup mieux entendus dans l'agriculture piémontaise. En France, on se contente d'arroser, par leur moyen, les terres placées à un niveau plus bas que le sol du fond de ces étangs. Dans le Piémont, au moyen de prises d'eau placées à différentes hauteurs dans la chaussée, on arrose des terrains d'un niveau peu inférieur à celui qui forme l'étang, et on y nourrit encore du poisson en conservant une partie des eaux sans les employer. C'est dans les pays montagneux, et surtout dans les pays granitiques, où les sources sont abondantes et souvent très-fécondantes par la grande quantité de potasse qu'elles charrient, que se trouvent, le plus souvent, ces étangs destinés à l'irrigation.

Dans les parties montagneuses du Forez, et en Suisse, ces étangs sont des réservoirs qu'on vide en entier pour l'irrigation des prés, à mesure qu'ils se remplissent. Dans les montagnes du Charollais, ce sont de véritables étangs qu'on empoissonne et qu'on ne vide entièrement que pour la pêche. Dans la propriété de Rambuteau, des prés très-étendus sont arrosés au moyen de dix-huit étangs qui se remplissent par des sources nombreuses, plus encore que par l'eau des pluies.

Dans le sol calcaire, on emploie plus rarement ce moyen pour l'amélioration des prairies ; cependant la Société royale de l'Ain a décerné, en 1834, à M. d'Angeville, député actuel de l'Ain, une médaille pour l'établissement, dans un pays montagneux et de formation calcaire, d'étangs qui recueillent les eaux des pluies ; il a établi et il féconde, avec les eaux de ces étangs, une prairie de 40 hectares ; le sol arrosé produit maintenant un revenu quadruple de ce qu'il produisait avant, quoique la quantité d'eau employée à l'irrigation équivaille à peine à celle de la pluie annuelle (1). Ces étangs, placés dans des gorges étroites, ont des bords abrupts très-pentueux, sur lesquels il ne se forme pas de marais, et, par conséquent, ils ne causent point d'insalubrité. Il n'en serait pas de même de ceux à bords plats, sur lesquels s'établissent des marais permanens avec tous leurs inconvéniens.

Les étangs peuvent donc être d'une assez grande importance agricole ; mais comme ils occupent presque toujours le fond des bassins qui peuvent donner des fourrages abondans et de bonne qualité, ils ont été généralement supprimés dans les pays féconds et populeux, pendant que dans les cantons malsains et peu fertiles, leur nombre et leur étendue se sont au contraire beaucoup accrus.

Sur le plateau argilo-siliceux de Dombes, le sol en corps de domaine, sans étangs, valait à peine 8 à 10 francs l'hectare de revenu par an, pendant qu'il s'élevait à deux ou trois fois cette somme lorsqu'il était en eau ; la valeur de ces étangs semble s'accroître encore lorsqu'on les joint à des domaines, parce qu'ils fournissent, comme nous l'avons dit, de la paille et du pâturage. Ces divers motifs ont donc sur quelques points beaucoup fait augmenter leur étendue.

Mais cet accroissement de produits n'a pas eu lieu sans de fâcheuses compensations ; d'une part ces étangs n'ont pu s'établir que dans de petits vallons où l'afflux des eaux de pluie avait

(I) Ces étangs contiennent un volume d'eau capable de fournir 80 centimètres d'eau sur la surface de la prairie, ou de quoi suffire à huit arrosemens chacun d'un décimètre de hauteur.

permis de faire des prés; leur établissement a donc ôté une partie des fourrages naturels, généralement très-rares dans ces pays sans cours d'eau, d'autre part le fond de ces vallons, enrichi de tout temps des alluvions des terres supérieures, fournit le meilleur sol de la contrée; et enfin ces étangs qu'on a créés ont grandement compromis la salubrité du pays, et leur présence a fait naitre des brouillards fréquens qui étendent leur influence sur tous les champs riverains, et sont sur la fin du printemps fatals aux céréales à l'époque de leur floraison. Tous ces inconvéniens, peu sensibles d'abord lors de l'établissement des premiers étangs, se sont accrus petit à petit, et insensiblement : les créateurs des étangs ont toujours cherché à se les dissimuler; mais leur effet a fini par amener la dépopulation de la contrée et l'appauvrissement du sol. On conçoit alors que la terre labourable, n'ayant pour la cultiver qu'une population maladive, rare et chèrement achetée, et manquant de prairies pour la féconder, a vu diminuer de moitié, des trois quarts peut être, son produit net; et comme elle est encore cinq fois plus étendue que le sol en étang, la perte matérielle, en résumé, a été bien considérable: cette perte, née à cette époque, s'est perpétuée et se continuera tant que les étangs resteront nombreux sur notre sol.

CHAPITRE IV.

DES CONDITIONS NÉCESSAIRES POUR L'ÉTABLISSEMENT DES ÉTANGS
DANS UN PAYS.

§ Iᵉʳ. — *De la pente du sol.*

Une des premières conditions nécessaires à l'établissement d'un étang, c'est que le sol ait une pente très-sensible; la quantité d'eau que peut recevoir un étang dépend de la différence du niveau entre le point où l'eau s'introduit et celui où on la contient par une chaussée. Pour qu'il soit productif en poissons, à l'abri des sécheresses, des défauts de pluie de l'été, des neiges et des gelées de l'hiver, il doit être profond sur une grande partie de son étendue, et avoir de deux à trois mètres d'eau vers la chaussée; il faut donc que le terrain où il est placé ait, depuis l'extrémité supérieure de l'étang jusqu'à la chaussée, une pente de deux à trois mètres.

Dans les étangs *dépendans*, c'est-à-dire dans ceux où les eaux des étangs inférieurs baignent la chaussée du supérieur, une moindre pente est nécessaire; mais toujours encore faut-il qu'il y ait au moins un mètre de pente d'une chaussée à l'autre. Ces étangs sont loin d'être les plus nombreux, et néanmoins la pente du terrain qui les forme est encore très-grande si on la compare à celle des plaines qui n'ont que la pente des rivières qui les ont formées, et dont pourtant les eaux s'écoulent facilement. Mais cette pente qui suffit sur la longueur de l'étang, est nécessairement plus grande sur sa largeur, qui se compose des deux pentes formant le pli de terrain où il est placé.

Nous remarquerons, en outre, que pour pouvoir pêcher facilement et cultiver le sol aussitôt que les eaux en sont sorties, il faut qu'elles s'écoulent promptement, et que par conséquent la pente soit très-sensible; toutefois, nous observerons que bien qu'une assez grande pente soit nécessaire à un étang, elle ne doit pas être trop forte, parce qu'elle exigerait, pour couvrir quelque étendue de sol, une chaussée d'une hauteur démesurée, très-dispendieuse à établir et à entretenir, et dont la construction entraînerait plus de perte que de profit.

§ II. — *De la configuration du sol.*

Une seconde condition nécessaire à l'établissement des étangs, c'est que la surface du sol soit ondulée et se compose de petits bassins plus étroits que longs; si cette surface avait une pente uniforme, sans ondulation, sans bassins, on serait obligé pour chaque étang de pratiquer une triple chaussée, la première perpendiculaire à la ligne de pente, et qui aurait la même hauteur sur toute sa longueur, et les deux autres parallèles à la pente générale, qui s'étendraient en diminuant de hauteur sur toute la longueur de l'étang. Cette forme occasionnerait des transports de terre énormes, six à huit fois plus considérables que ceux nécessaires dans un pays ondulé, et jetterait dans des frais sans rapport avec le produit; les eaux d'ailleurs ne s'écouleraient que dans un sens et en nappe, sans pouvoir se réunir dans le milieu de l'étang, ce qui rendrait la pêche comme la culture fort difficile; de plus, toutes les parties limitrophes de cette triple chaussée essuieraient des infiltrations, et seraient rendues malsaines et improductives.

Bien différemment de cela, dans les petits bassins naturels, la chaussée se place sur la largeur; elle est courte, puisqu'elle barre le côté le plus étroit; son niveau est maintenu à-peu-près horizontal; elle a dans son milieu sa plus grande hauteur, qui diminue ensuite et se termine à rien aux deux extrémités: les infiltrations alors n'ont guère lieu qu'à travers ses parties élevées, perdent peu d'eau, et gâtent par conséquent peu de terrain.

Par suite de cette conformation du sol, outre la pente longitudinale, depuis l'extrémité supérieure ou la queue de l'étang jusqu'à la chaussée, le terrain en a encore de chaque côté une plus forte, depuis les bords jusqu'au milieu du bassin; dans la ligne du milieu se pratique un fossé qui conduit à la vidange, recueille le poisson pour la pêche, et fait écouler les eaux de pluie pendant la culture.

Cependant, dans le moment du plus fort engoûment pour les étangs, on en a bien établi quelques-uns dont les pentes latérales trop faibles exigent de petites chaussées auxquelles on donne le nom de chaussons ; mais ces étangs sont chers à établir et à entretenir, plus difficiles encore à cultiver et à pêcher ; ils sont malsains, gâtent les fonds environnans, et on les estime beaucoup moins que ceux qui sont dans des bassins naturels. Les meilleurs, en général, sont ceux dont la chaussée est courte, parce que son entretien est peu considérable ; ils sont aussi les moins malsains, parce que par suite de l'étroitesse du bassin ils ont moins de bords plats, et par conséquent moins de marais sur leurs bords.

Il résulte donc de tout ce qui précède, qu'outre la grande pente que doit avoir le sol pour pouvoir à volonté accumuler et faire écouler les eaux, un pays d'étangs doit encore être ondulé et coupé de petits bassins qui deviennent leur *assiette*.

Nous avons cru devoir appuyer sur ces deux conditions de terrain incliné et ondulé, nécessaires aux pays d'étangs, pour pouvoir en déduire d'une manière incontestable que les étangs ne peuvent s'établir dans un pays marécageux ; en effet, une contrée n'est ordinairement marécageuse que parce que les eaux ne s'écoulent pas ou s'écoulent mal ; et cela ne peut avoir lieu que là où le sol a peu de pente. Les marais ne peuvent donc exister, ou se dessèchent facilement, là où la pente générale est considérable et où le sol est en outre coupé de petits bassins, dans le milieu desquels les eaux s'écoulent d'elles-mêmes. Sans doute les queues et les bords des étangs offrent tout l'inconvénient des eaux basses et stagnantes, et forment des marais ; mais c'est un mal produit par eux et qui n'existait pas avant leur création. Ce n'est donc en aucune façon à cause des marais, ni pour en tirer parti, que les étangs ont été établis ; c'est pourtant l'opinion reçue presque exclusivement et partout répétée par les écrivains : la commission d'agriculture et des

arts, présidée par Berthollet, dans son rapport général sur les
étangs, l'a admise comme positive, surtout pour le département
de l'Ain ; il était essentiel d'en prouver ici le peu de fondement,
parce que ce rapport est devenu historique dans la question des
étangs, qu'il consacre des idées fausses sur l'état naturel du sol
d'une partie de la France, et que tôt ou tard il sera consulté
comme pièce authentique, lorsque dans l'établissement d'un
code rural on voudra traiter la question générale des étangs.

§ III. — *Nécessité d'étangs nombreux.*

Une troisième condition nécessaire à l'établissement des étangs
dans un pays, c'est qu'ils y soient nombreux, rapprochés les uns
des autres, et à portée des villes ; car le poisson est une denrée de
luxe qui ne trouve de débouché abondant que dans la ville, et qui
a besoin, pour devenir un genre de commerce productif, d'être
fournie au consommateur successivement et à mesure du besoin.
En outre, dans tous les pays d'étangs, les moyens d'avoir du
poisson sont les mêmes ; partout on a besoin de trois espèces
d'étangs, ceux pour faire naître la *pose ou feuille,* ceux pour
la faire grandir et arriver à donner de l'empoissonnage ou *nour-*
rain, et enfin ceux où l'empoissonnage grandit pour fournir le
poisson de la consommation. Si les étangs sont peu nombreux,
isolés ou seulement éloignés, il est d'autant plus difficile d'avoir
ces trois espèces, bien qu'elles ne diffèrent entre elles que pour
leur étendue : leur exploitation alors exige des transports à
distance, dangereux pour la feuille, l'empoissonnage ou le
poisson, et donne beaucoup d'embarras qui ne s'évitent que
lorsqu'ils peuvent être groupés en nombre dans une même
localité. Cette condition sera encore plus nécessaire si, comme
en Dombes, ils sont cultivés en assec tous les deux ou trois ans.
Enfin, lorsque les étangs sont un peu nombreux, l'eau de
ceux qu'on évacue peut servir à remplir les étangs inférieurs
du même bassin, ou ceux des bassins voisins avec lesquels on
établit des communications. Ce voisinage et cette communication
des étangs entre eux, sont une circonstance qui peut beaucoup

concourir à rendre leur économie profitable; toutefois, lorsqu'ils sont nombreux dans un canton, les surfaces de sol qui versent l'eau à chacun d'eux ne peuvent être que peu étendues; il faut alors des pluies très-abondantes pour les remplir, ce qui n'arrive pas tous les ans : c'est dans ce cas qu'il est d'un grand intérêt de ne point laisser perdre l'eau et de recueillir, quand on le peut, dans les étangs inférieurs, celle des étangs supérieurs que l'on pêche.

§ IV. — *Les pays d'étangs doivent être élevés au-dessus des bassins des rivières.*

Les pays d'étangs devant avoir beaucoup de pente, se trouvent nécessairement placés sur des plateaux assez élevés au-dessus du fond des bassins des rivières qui les bordent, et dans lesquels ils versent leurs eaux. Lorsque les étangs se succèdent en suivant la pente générale du plateau, sans verser dans des rivières latérales, il faut que le sol ait au moins, de pente, la somme des hauteurs de toutes leurs chaussées, ce qui donnerait déjà, pour une vingtaine seulement d'étangs qui se suivraient, 150 à 200 pieds de pente; mais il en est assez peu qui soient placés de cette manière, et leur nombre se trouverait toujours très-circonscrit si le plateau n'était coupé par de petites rivières. Les bassins de ces rivières servent de débouchés à d'autres petits bassins tertiaires où sont placés les étangs; alors une moindre pente générale est nécessaire pour un même nombre d'étangs; mais le plateau cependant doit avoir une assez forte pente et être très-élevé au-dessus du grand bassin dont il suit le cours. Les pays d'étangs en France sont donc, contrairement à l'opinion générale et qui domine dans le rapport de la commission de l'an IV, les plus élevés après les pays montagneux; cette différence de niveau du plateau où sont placés les étangs avec les plaines de littoral qui l'environnent suffit pour que le climat y soit naturellement un peu plus froid.

§ V. — *De la nature de sol propre à l'établissement des étangs,
et de l'imperméabilité du sol.*

Il est encore une condition tout-à-fait indispensable pour
l'établissement des étangs dans un pays; c'est que la couche
inférieure du sol ou le sous-sol soit peu perméable. Si ce sous-
sol se laisse traverser facilement par l'eau, il est évident que
pendant l'été, lorsque les pluies tombent à de longs intervalles,
l'infiltration, aidée de l'évaporation produite par de longues
journées de chaleur, diminue la masse des eaux de manière
à faire périr le poisson et à mettre quelquefois l'étang à
sec. Cette condition de sous-sol imperméable appartient presque
exclusivement à une nature de terrain très-abondamment
répandue sur la surface du globe : elle est désignée dans
beaucoup de pays sous le nom de *terre à bois*, parce que
ce produit y réussit assez ordinairement : dans l'Ain, Saône-
et-Loire, le Jura, et dans beaucoup d'autres lieux, elle
porte le nom de *terrain blanc* ou *terre blanche*, *blanche terre*;
c'est la *boulbenne* ou *bolbine* du Midi, le *gault* dans quelques
endroits, et souvent le *diluvium* pour beaucoup de géologues.
Elle est composée de sable fin siliceux et d'argile, mêlés ensemble
d'une manière intime; elle offre plus ou moins de tenacité, suivant que le sable est plus ou moins fin, ou que l'argile s'y trouve
en plus ou moins grande proportion. Lorsque la surface arrive
à un état sablonneux, le plus souvent encore le sous-sol renferme
assez d'argile pour ne point se laisser pénétrer par les eaux;
comme il ne contient point de parties calcaires, l'eau ne peut point
le déliter, c'est-à-dire séparer ses parties, et par suite traverser
facilement ses couches inférieures. Ce sol, amené à l'état sec,
reprend ensuite à la pluie une proportion d'eau considérable;
mais lorsqu'il en est saturé, tout ce qui tombe de plus reste en
plus grande partie à sa surface ou s'en écoule, ce qui forme tout
son avantage pour les étangs; il est très-long à sécher, parce
qu'il ne peut perdre d'une manière bien sensible son humidité
ou l'eau de sa surface que par l'évaporation ou la transpiration

des plantes qui le couvrent. La couche supérieure repose presque toujours sur un sable argileux, coupé de veines rougeâtres moins pénétrables encore par l'eau que le sol de la surface.

On peut citer, comme type de son imperméabilité, quelques cantons du Gers où, dans les années de grande abondance, on conserve le vin dans des trous faits dans le sol. Il est toutefois remarquable que pour que cette imperméabilité s'exerce, il faut que le sol soit préalablement saturé d'eau; et puis ce vin sans doute ne reste pas en terre pendant l'été, et il est défendu de l'évaporation par des couvercles.

Notre sol ne possède pas la faculté de retenir l'eau à ce point extraordinaire; mais cette faculté s'accroît par sa culture en étangs. On remarque en effet que les nouveaux étangs tiennent moins bien l'eau que les anciens; la charge d'eau sur les étangs pleins, presse sur une masse de sol fortement pénétré d'eau, qui se ramollit, acquiert une certaine flexibilité qui le rend susceptible d'éprouver la pression et de se resserrer jusqu'à une certaine profondeur; cet effet accroît beaucoup son imperméabilité: dans ce cas, cependant encore, cette imperméabilité est loin d'être absolue, et l'infiltration des eaux y est encore beaucoup plus considérable qu'on ne serait disposé à l'admettre.

Et d'abord nous en trouverons une preuve dans ce qui se remarque au pied de toutes les chaussées d'étangs. Ces chaussées faites avec le sol de nature imperméable de l'étang, sur une épaisseur double au moins de sa profondeur, et dont une partie est, comme nous le verrons, battue et corroyée, se laisse cependant pénétrer par les eaux, et tout le long de la chaussée on aperçoit des infiltrations.

Nous pouvons même nous former une idée de la quotité d'eau que laisse encore passer cette nature de sol.

Pour cela, nous ferons d'abord remarquer que la quantité moyenne annuelle de pluie est, dans notre pays, de 1 mètre 20 centimètres, et celle de l'évaporation de 1 mètre; nous admettrons ensuite, ce qui est à-peu-près d'expérience, que la quotité de pluie qui tombe en automne et en hiver serait moitié en sus de celle du printemps et de l'été, c'est-à-dire qu'elle serait de 72 centimètres pour le semestre d'automne et d'hiver, et de 48 centimètres pour celui de printemps et d'été; nous admettrons encore que l'évaporation du printemps et de l'été serait de moitié en sus de celle de l'automne et de l'hiver, c'est-à-dire de 60 centimètres pour une époque et de 40 centimètres pour l'autre.

Maintenant, avec ces données, nous remarquerons que les mares placées dans les parties basses de bois ou de terrains vagues du plateau argilo-siliceux, se remplissent d'eau pendant l'automne et l'hiver, et se trouvent à sec souvent avant la fin de l'été. D'après l'observation précédente, il tombera, pendant l'été et le printemps, sur la surface de la mare, une couche d'eau de 48 centimètres. Si l'on admet que l'emplacement de la mare, occupant le fond de la dépression de terrain, reçoive autant d'eau des parties environnantes que sa surface en reçoit de la pluie, on aura pour l'eau reçue par la mare, pendant le printemps et l'été, un volume d'eau égal au double de celui tombé pendant la saison sur sa surface, c'est-à-dire un prisme de 96 centimètres de hauteur et qui aurait pour base la surface de la mare, d'où retranchant la quantité d'eau évaporée pendant ces six mois, que nous avons vue être de 60 centimètres, mais que nous supposerons se réduire à un prisme droit de 36 centimètres à-peu-près, il restera au prisme une hauteur d'eau de 60 cen-timètres, qui se sera nécessairement infiltrée; à quoi il faut ajouter la quantité d'eau qui était dans la mare, que nous supposons de 50 centimètres de profondeur et que nous pouvons arbitrer à un prisme droit de 20 centimètres de hauteur, ayant pour base la surface de la mare; il se serait donc infiltré par le fond de la mare un prisme d'eau en moyenne de 80 centimètres de hauteur, et cela pendant la moitié de l'année: d'où il résul-terait que, pendant toute l'année, l'infiltration sur le sol de notre plateau serait double, et, par conséquent, de 160 centi-mètres, ou d'un tiers en sus de la quantité de pluie qui tombe annuellement.

Mais voyons si ce qui se passe dans nos étangs confirmerait ou infirmerait ce résultat. Admettant que l'étang que nous prenons pour exemple soit de profondeur, d'étendue et d'imperméabilité moyennes, qu'il reçoive de son bassin pendant le printemps et l'été autant d'eau qu'il en tombe sur sa surface, il s'ensuit, d'après ce que nous venons de voir, qu'il aura reçu, pendant le printemps et l'été, un prisme droit d'eau de 96 centimètres de hauteur, qui ne s'y trouve plus à la fin de cette saison : mais en moyenne sans évacuer de trop plein pendant l'été, les étangs perdent au moins un quart de leurs eaux, soit au moins une hauteur de 25 centimètres qui, ajoutés aux 96 centimètres qui précèdent, portent à 121 centimètres le prisme d'eau qu'a perdu l'étang pendant l'été; l'évaporation de la surface, à cause de la diminution successive d'étendue, se réduira à un prisme droit de 40 à 45 centimètres, qui, retranchés de 121, réduisent à 70 ou 76 centimètres le prisme d'eau que l'étang a perdu, et qui se sera nécessairement infiltré dans le sous-sol. Pour l'année entière, la quotité d'eau infiltrée par le sol de l'étang serait double, c'est-à-dire de 1 mètre 40 centimètres à 1 mètre 52 centimètres, quantité qui approche de celle que nous avons trouvée pour la mare.

Mais cette infiltration n'a lieu que lentement; l'eau, avant de descendre aux couches inférieures, séjourne assez long-temps dans l'épaisseur du sol où travaillent les racines pour nuire à la végétation, affaiblir les produits et modifier le végétal, le sol, et même jusqu'à un certain point la couche atmosphérique qui repose immédiatement sur lui. Il en résulte que cette nature de sol est plus humide, que les gelées y sont plus fréquentes et plus nuisibles, et que les végétaux qui enfoncent leurs racines dans ce sous-sol noyé y puisent une sève aqueuse et peu substantielle; quelques-uns même y périssent parce que leurs racines y pourrissent.

Tous les végétaux ne souffrent pas également de ce défaut du sol argilo-siliceux; les céréales et les récoltes sarclées, pourvu qu'on fasse écouler les eaux de la surface, y donnent souvent de bons produits; mais certains grands végétaux y viennent plus difficilement. Les peupliers, les arbres fruitiers, les mélèses, s'accommodent mal de cette imperméabilité du sol lorsqu'elle est très-marquée; le chêne et le châtaignier y gèlent souvent, et pour que les plantations y réussissent, il est nécessaire que le sous-sol soit défoncé. Nous avons vu dans la Gueldre, plateau argilo-siliceux et d'une nature très-imperméable, un propriétaire faire réussir toutes ses plantations, arbres fruitiers, peupliers et même les mûriers, en défonçant le sol jusqu'à une couche plus perméable, pendant que les plantations de ses voisins, faites avec les conditions ordinaires, restaient sans succès.

Nous avons dit que ce sol se tassait par le séjour des eaux ; cet effet se remarque particulièrement sur le sol des étangs ; mais comme, tous les trois ans, on les laboure, la couche plus fortement tassée ne commence qu'au dessous du sol labourable. Cette couche, outre la charge des eaux, éprouve encore, tous les deux ou trois ans, celle du talon de la charrue et de la marche des hommes et des animaux de labour qui cultivent l'étang. Ce tassement est très-sensible sur une épaisseur de 15 à 20 centimètres sous la couche labourée, au-dessous de laquelle la terre reprend à peu près sa consistance ordinaire. L'effet de ce tassement est d'autant plus sensible que le sol est plus argileux. Sur ce sol d'étang, le mélèse et le chêne réussissent mal, à moins que la couche tassée ne soit effondrée ; le pin du lord, le pin sylvestre, le bouleau, le charme, l'épicéa même, s'y établissent avec avantage si, toutefois, le tassement n'est pas trop fort. Lorsque les racines du mélèse parviennent à traverser cette couche, il reprend force et vigueur, surtout lorsqu'il peut implanter ses racines dans le sous-sol rougeâtre qui, cependant, paraît tout-à-fait infécond.

En examinant le sol argilo-siliceux, en étudiant sa composition, ses caractères extérieurs, son gisement dans différens pays très-éloignés les uns des autres, on le retrouve partout avec les mêmes caractères extérieurs, les mêmes propriétés : ce qui doit le faire attribuer à une même formation qui a dû être la dernière des grandes formations, puisque nulle part il n'est recouvert par elles et qu'il recouvre la surface de toutes les autres. On le retrouve quelquefois sous les alluvions du fond des bassins ; mais ces alluvions qui ne sont que partielles n'occupent que le fond de ces bassins et sont les derniers phénomènes du grand cataclysme qui a produit l'alluvion générale. Dans la débâcle qui a balayé le fond des bassins et en a entraîné le dépôt argilo-siliceux, quelques parties qui sont restées ont été recouvertes des débris des lieux environnans.

Cette grande formation recouvre la plupart des plateaux élevés des plaines de France, de Hollande, de Belgique, d'Allemagne. Lorsque les bassins des rivières ne sont pas séparés par des montagnes, ils le sont presque toujours par des plateaux de terrain blanc qu'on voit s'étendre jusque sur la naissance des croupes des montagnes primitives comme des montagnes calcaires ; on le rencontre encore en dépôt sur quelques parties de leurs premiers échelons, ce qui confirmerait l'opinion que ce terrain était établi sur toute leur surface, mais que les eaux, en raison de leur pente rapide, l'en ont presque tout entraîné.

Il recouvre presque partout, à plus ou moins de profondeur, une formation calcaire marneuse. Lorsque la couche du dépôt est épaisse, on a alors des terres humides, froides, et on peut y pratiquer des étangs ; lorsque cette couche est mince, et que la marne terreuse est voisine, on peut encore y en établir, mais l'infiltration y est plus facile. Sous ce point de vue, l'étang y est de moindre qualité ; mais le sol, pour la culture, a plus de valeur. Lorsque la couche inférieure est une marne pierreuse, le sol est alors moins humide, d'une culture plus facile, et les étangs s'y établiraient avec peu d'avantage.

En Normandie, on trouve ces deux sortes de terrain ; les plateaux du département de l'Eure, qui recouvrent presque toujours la marne pierreuse, s'égouttent facilement et sont productifs ; ceux de l'arrondissement de Bernay, qui recouvrent la marne terreuse, sont plus humides ; de même encore, le grand plateau du bassin du Rhône qui recouvre presque partout la marne terreuse, et qui se prolonge à plus de trente lieues du midi au nord, dans les départemens de l'Ain, de Saône-et-Loire et du Jura, est l'un des plus humides et des plus froids de France. La Puisaye, dans l'Yonne, est assise presque tout entière sur la marne pierreuse ; aussi les étangs y sont plutôt un moyen de navigation que de produit agricole.

L'alluvion de terrain blanc se voit le long de l'Océan, en suivant la côte dans les départemens du Nord, du Pas-de-Calais, de la Manche, du Calvados; elle forme les landes de Bretagne, se couvre de bois vers Nantes, forme aussi les plaines élevées de Maine-et-Loire, de la Loire-Inférieure, et se lie ensuite avec les landes de Bordeaux. Dans tout cet immense développement, l'alluvion présente toutes les nuances de ténacité de sol, depuis le plus léger jusqu'au plus argileux. Le plus grand plateau que présente ce sol, dans l'intérieur des terres, accompagne le bassin de la Loire; tous les pays que traverse ce fleuve jusqu'à la mer, sont en grande partie formés de plateaux argilo-siliceux; quelques parties montagneuses et les bassins des rivières affluentes les interrompent seulement pour les voir se reformer au-delà.

Il n'est pas sans intérêt de suivre la marche de cette alluvion depuis les sources de la Loire jusqu'à la mer.

Après la Haute-Loire et ses terres argileuses, on trouve le plateau du Forez et ses étangs, puis le bassin de l'Allier qui est séparé de celui de la Loire par le terrain blanc qui se montre là où s'arrête le granit et le sol formé de ses débris. On y trouve des étangs nombreux comme sur les terres froides, terres blanches du plateau de la Nièvre, et on arrive à la Puisaye qui sépare l'Yonne de la Loire et qui est séparée elle-même de la Sologne par le cours du fleuve et les alluvions de ses bords.

La Sologne étend son plateau argilo-siliceux stérile, et ses étangs, sur le Loiret, le Loir-et-Cher et une partie du Cher. Les étangs de la Brenne occupent une partie de l'Indre, et de l'autre côté, dans la Sarthe, ils couvrent une partie des terres blanches placées souvent sur le schiste et la roche calcaire, à peu de profondeur; enfin, on retrouve encore l'alluvion composant de grandes surfaces et portant des étangs nombreux dans les deux derniers départemens qu'arrosent la Loire, Maine-et-Loire et la Loire-Inférieure.

Ce grand plateau du bassin de la Loire et d'une partie de ses affluens dans lequel nous venons de désigner une douzaine de départemens, contient plus de moitié des étangs de France et les deux cinquièmes de leur contenance totale. Placé à une grande hauteur au-dessus du cours du fleuve, il est sans doute la plaine la plus élevée de l'intérieur de la France, parce que la Loire est celui des fleuves dont le cours est le plus long, et qu'il est très-rapide dans sa première moitié. Nous ne pousserons pas plus loin nos remarques sur cette nature de sol; nous leur avons donné ailleurs toute l'étendue que motivait l'importance du sujet (1).

Les étangs, dans les pays calcaires, ont presque tous été desséchés, parce que le sol était de bonne qualité, et que celui de la surface, au moyen du principe calcaire qu'il contient, se délite, se laisse imbiber et pénétrer d'eau qu'il transmet aux couches inférieures. Dans la partie du Berry en sol calcaire, on a défriché aussi une partie des étangs avec très-grand profit, parce que, toujours couverts d'eau sans être cultivés, ils avaient accumulé une quantité de vase très-fertile, dont les produits ont été et continuent d'être très-grands. Cependant, lorsque le sol calcaire se trouve avoir pour sous-sol une couche épaisse d'une marne terreuse, homogène et à grains fins, il est alors peu perméable et on peut y établir des étangs; il en reste quelques-uns sur cette nature de sol en Bresse, qui, au moyen de la culture alterne en eau et en poissons, sont des fonds précieux qui se louent à un prix aussi élevé que les fonds en corps de domaine. Deux années d'empoissonnage mettent ce sol, engraissé par le séjour des eaux et les déjections des poissons, en état de produire sans engrais quatre récoltes successives et alternes de maïs et de froment, pendant que les étangs argilo-siliceux, lors même qu'ils sont en bon sol, ne peuvent produire qu'une bonne récolte d'avoine, de seigle ou de froment, suivant la nature de leur sol : cela nous prouve d'une manière bien évidente le fait important établi par nous ailleurs, que la même quantité et nature d'engrais donne beaucoup plus de produit sur les sols calcaires que sur les sols siliceux. Dans l'un de ces étangs à sol

(I) *Agriculture du Gatinais, de la Sologne et du Berry;* Paris, Mme Bouchard-Huzard.

calcaire, après deux ans d'empoissonnage, nous avons, en 1833, sur un seul labour, huit jours après la pêche de la fin de septembre, fait semer du froment qui a produit 24 hectolitres par hectare ; l'année suivante, le cultivateur a voulu semer encore du froment qui a produit 18 hectolitres. En 1835, une portion de l'étang qui se trouve en terre blanche a porté de la navette, et le reste du sol calcaire, semé toujours sans engrais en maïs, a produit autant que les bons fonds bien fumés ; enfin, dans la quatrième année, dernière de l'assolement, au moyen de la fécondité qui restait, on a recueilli encore, sans engrais, six à huit fois la semence en froment ; après ces quatre récoltes, a recommencé l'empoissonnement pour rendre à ce sol de nouvelles forces productives.

Ce serait ici le lieu de rappeler les immenses récoltes des étangs destinés à alimenter d'eau les fossés et à inonder, au besoin, les abords des villes de Metz et de Marsal. M. Masson, leur propriétaire, nous a donné à ce sujet des détails d'un grand intérêt ; mais comme la position et le produit de ces étangs présentent un cas tout-à-fait exceptionnel, nous ne croyons pas devoir nous y arrêter, et nous renvoyons le lecteur aux *Mémoires de la Société centrale de la Seine,* où se trouvent le rapport de M. de Gasparin et l'écrit de M. Masson. Nous nous bornerons ici à en conclure, comme des faits qui précèdent, que les déjections des poissons sont, après, avant peut-être le guano, le plus puissant engrais connu ; et nous ferons remarquer la grande analogie de ces engrais entre eux : le premier est fourni immédiatement par le poisson et le second, à ce qu'il semble, serait le débris et le résidu de sa consommation par des oiseaux de mer qui en font leur nourriture.

§ VI. — *De l'abondance des eaux de pluie.*

Une condition importante au succès des étangs dans un pays, c'est que les pluies y soient abondantes ; là où elles manquent, les étangs ne peuvent s'établir qu'au moyen de sources et de cours d'eau ; mais, comme nous l'avons dit ailleurs, les plateaux argilo-siliceux en renferment peu : les étangs doivent donc y être rares lorsque les pluies y sont peu abondantes. Cette circonstance explique le nombre plus grand qu'ailleurs des étangs sur le plateau de Dombes et de Bresse, pays où, d'après les observations que nous avons continuées pendant plusieurs années, il tombe par an, en moyenne, 120 centimètres d'eau ; à Paris et dans les environs, la moyenne est de 50 centimètres : les pluies de l'Ain fournissent donc un volume d'eau deux fois et un tiers plus considérable qu'une partie des plateaux de même nature ; aussi on y a établi avec succès un nombre d'étangs beaucoup plus grand.

Mais cet avantage, si toutefois c'en est un, est chèrement acheté. La culture, sur cette nature de sol qui craint l'humidité, offre, avec cette masse de pluie, beaucoup plus de difficulté que sur les autres plateaux de même formation ; et ce qui est encore plus fâcheux, c'est que l'insalubrité, naturelle peut-être à cette sorte de terrain, en est notablement accrue.

CHAPITRE V.

DES ÉTANGS ALIMENTÉS PAR LES EAUX PLUVIALES, ET DE CEUX ALIMENTÉS PAR LES COURS D'EAU.

Le plus souvent, autant que nous avons pu en juger, les étangs, ailleurs qu'en Dombes, sont situés sur des cours d'eau ou des sources; en Dombes, pour les établir on se contente de barrer, par des chaussées, tous les petits bassins latéraux qui écoulent leurs eaux de pluie dans les cours d'eau; la quantité de pluie, plus forte qu'ailleurs, suffit d'ordinaire pour les remplir et les entretenir pleins; et puis, en faisant communiquer les bassins entr'eux, on laisse perdre le moins d'eau possible, et les étangs se remplissent mutuellement.

Les étangs, formés par l'eau des pluies, sont beaucoup plus insalubres que ceux qui s'alimentent par des cours d'eau; la raison en est facile à concevoir. L'insalubrité des étangs est due spécialement à l'abaissement des eaux pendant l'été: dès le mois de juin, l'infiltration et l'évaporation dépassent beaucoup la quantité d'eau pluviale; les eaux s'abaissent graduellement et, à la fin d'août, il y a bien, en moyenne, le tiers ou le quart au moins du sol que l'eau couvrait au printemps qui s'est successivement découvert. Toutes ces *laisses* d'étangs qui représentent dans notre pays plusieurs milliers d'hectares, deviennent alors des marais éminemment malsains; leur sol, couvert de débris animaux et végétaux sous l'influence du soleil d'été, produit des émanations funestes. Ces effets du soleil d'été sur le sol que l'eau laisse à découvert, se reproduisent ailleurs que dans le voisinage des étangs; des fièvres endémiques et de mauvais caractère suivent souvent les inondations d'été sur le littoral des grandes rivières.

Il est loin d'en être de même des étangs alimentés par des sources ou des cours d'eau. Ces étangs restent toujours au même niveau, l'eau s'y renouvelle sans cesse ; les bords qui restent couverts d'eau produisent peu d'effluves dangereuses ; les surfaces d'eau ne sont point insalubres par elles-mêmes. Ainsi, dans les marais Pontins, pour arrêter les effets dangereux des miasmes, on couvre le sol d'eau.

Les étangs alimentés par des cours d'eau nuisent donc peu à la salubrité ; tels sont les étangs de M. Masson qui, d'après leur propriétaire, ne causent point de fièvres à leurs riverains ; ces étangs nous semblent, en outre, placés sur le sol calcaire ; on remarque dans notre pays que ceux placés sur cette nature de sol développent moins d'insalubrité ; toutes les formations et composés calcaires neutralisent en général les émanations insalubres.

S'il était nécessaire d'apporter de nouvelles preuves de l'insalubrité du sol que les eaux viennent de quitter et que frappe le soleil d'été, nous rappellerions ce qui se passe dans notre pays lorsqu'on pêche les étangs au mois d'août. On voit les fièvres se multiplier alors presque instantanément. Ainsi l'année dernière une propriété de Dombes, dans laquelle on avait desséché tous les étangs, avait passé depuis deux ans deux automnes sans fièvre. Cependant, au mois d'août de l'année dernière, on a pêché un étang placé dans le voisinage qui ne dépendait point du même propriétaire ; peu de jours après, presque tous les habitans de la propriété, quoique placés à distance, ont été frappés par la fièvre. Toute pêche d'étangs devrait donc être interdite, depuis la fin de mai jusqu'à l'équinoxe.

CHAPITRE VI.

DE L'ÉTABLISSEMENT ET DE LA CONSTRUCTION DES ÉTANGS.

---

§ I. — *Travaux préliminaires.*

La première opération à faire avant l'établissement d'un étang, est l'évaluation de la quantité d'eau dont on peut annuellement et en moyenne disposer pour le remplir. Il résulte des observations que nous avons développées précédemment sur la nature du sol où sont placés les étangs, que lorsque sa couche supérieure est saturée, les eaux, au lieu de s'infiltrer, coulent à la surface, et peuvent se recueillir pour former l'étang. Il faut donc s'assurer d'abord de l'étendue du bassin de l'étang, c'est-à-dire de la surface de sol qui verse ses eaux dans le pli de terrain qu'on veut remplir d'eau, il faut voir ensuite s'il ne serait pas possible d'y amener quelques eaux de source ou de pluie, ou d'en tirer au besoin des étangs voisins.

Lorsqu'on ne peut point recevoir d'eau étrangère au bassin, il est à peu près nécessaire que le sol qui doit fournir l'eau à l'étang ait au moins de six à douze fois plus d'étendue qu'on ne veut en donner à celui-ci. On conçoit que cette étendue de bassin doit varier suivant que le sol est plus ou moins argileux, et qu'on est plus ou moins maître du sol environnant pour faire arriver sans obstacle les eaux à l'étang.

Il convient aussi qu'un étang puisse se remplir avec les pluies de l'automne et de l'hiver, d'octobre en mars; autrement, pendant la saison chaude, l'étang étant en partie vide, le poisson n'aurait pour parcourir et pour croître qu'une portion seulement du sol qui lui est destiné; il est cependant des étangs qui, suivant les années, ne se remplissent qu'au bout d'un an, dix-huit mois ou deux ans; mais c'est pour eux une grande perte de produit.

Lorsque le sol qui verse à l'étang est en terre labourable, dans les années ordinaires et avec un climat pluvieux, un quart ou un cinquième de l'eau pluviale peut arriver à l'étang; le sol en bois en fournit moins, parce que les grands végétaux en absorbent davantage, et que la culture ne l'a pas disposé de manière à faciliter l'écoulement des eaux surabondantes; dans les pays où il tombe 1 mètre 20 centimètres d'eau, l'étang en recevra donc une couche en moyenne de 25 centimètres d'épaisseur de toute l'étendue de son bassin; or, nous avons supposé cette étendue huit fois plus grande que la surface de l'assiette de l'étang, il lui arrivera donc une quantité d'eau représentée par un prisme qui aurait 2 mètres de hauteur, et qui aurait pour base la surface de l'étang; à quoi ajoutant 1 mètre 20 centimètres tombés pendant l'année sur cette surface, on aura en tout un prisme d'eau de 3 mètres 20 centimètres de hauteur pour alimenter et tenir plein l'étang, remplir les vides causés par l'évaporation et l'infiltration pendant toute l'année, et dont une partie s'est écoulée en trop plein.

Mais ces circonstances sont bien différentes lorsque la pluie n'est que moitié de celle que nous venons d'indiquer; le sol alors, qui a besoin de se saturer plus souvent avec des pluies plus rares, ne laisse peut-être pas aller à l'étang du sixième au huitième de l'eau qu'il reçoit, ou moitié à peine de ce qu'il en laisse couler dans les climats pluvieux; il faut donc dans les pays où la quantité de pluie est moitié moindre, une surface affluente trois ou quatre fois plus considérable pour entretenir l'étang convenablement plein.

Ces considérations sont d'une haute importance; elles expliquent pourquoi, avec des circonstances analogues de sol, la surface des étangs en Dombes est, proportionnellement à l'étendue du pays, trois ou quatre fois plus grande que dans les contrées où la quantité de pluie est moitié moindre; ainsi, par exemple, on conçoit que les étangs qui, en Dombes, ont besoin de plus d'un an pour se remplir, et qui dans les dernières années qui viennent de s'écouler ont toujours manqué d'eau, ne se rempliraient jamais dans les climats moins pluvieux.

On est dispensé de grands bassins lorsqu'on a, dans le voisinage, des étangs placés à un niveau plus élevé ; mais il faut en être le maître pour pouvoir disposer de leurs eaux au moment du besoin.

Lorsqu'après avoir étudié la nature de son sol, on s'est assuré qu'il est peu perméable, soit en y essayant de petites retenues d'eau, soit par l'analogie qu'on lui trouve avec d'autres sur lesquels on a observé des étangs, il serait encore à propos de sonder son terrain pour pouvoir juger si la couche imperméable a assez d'épaisseur pour empêcher l'infiltration des eaux ; il faut en outre, au moyen de nivellemens bien faits, déterminer l'étendue que l'eau pourra couvrir, s'assurer si le terrain a une pente suffisante pour que l'étang ait assez de profondeur, voir s'il forme un petit bassin naturel qui puisse se fermer par une chaussée d'une médiocre longueur, et enfin examiner si le terrain qui verse à l'étang a suffisamment d'étendue pour pouvoir le remplir ; lorsque toutes ces conditions sont remplies d'une manière satisfaisante, on peut raisonnablement espérer de pouvoir réussir : toutefois encore, avant de se mettre à l'œuvre, il faut, au moyen de son niveau, déterminer la longueur et la hauteur de la chaussée, et tracer les contours de l'étang. Un grand nombre de personnes, pour n'avoir pas pris cette précaution, ont été entraînées à de grandes dépenses, n'ont eu que des étangs fort peu étendus, ou ont couvert les fonds voisins.

Malgré tous ces soins préliminaires, il arrive encore souvent que la nécessité d'avoir des eaux, que les moyens qu'on emploie pour les faire arriver et les conserver, que leur reflux sur les propriétés voisines, et que souvent aussi les passages qu'on intercepte, amènent beaucoup de difficultés ; de là, en Dombes, la phrase proverbiale, que *les étangs sont des nids à procès*.

§ II. — *Du bief, de la pêcherie et du canal de vidange.*

Après tous ces préliminaires, nous arrivons à la construction de l'étang : le premier travail consiste à faire, dans la partie la plus basse indiquée par le niveau, un fossé ou bief de 2 à 3 mètres de largeur, et de 40 à 50 centimètres de profondeur : ce fossé, qui part de l'origine des eaux, vient aboutir à la chaussée de l'étang. A une douzaine de pieds de distance de cette chaussée, on creuse un réservoir de 15 à 30 pieds de diamètre, suivant l'étendue de l'étang, et d'un pied de profondeur de plus que le bief, auquel on donne le nom de pêcherie, et qui sert à rassembler le poisson pour la pêche ; le bief se termine par un canal destiné à l'évacuation de l'étang, et sur lequel doit s'asseoir la chaussée ; la partie supérieure ou le toit de ce canal, doit être au niveau du fond du bief, afin que l'étang et son bief se vident en entier. Ce canal se construit en bois, en pierre ou en brique ; en bois il est moins durable et plus coûteux, alors même qu'au lieu de creuser dans un chêne de grande dimension, on le fait en plateaux de 3 pouces d'épaisseur. Lorsqu'on le fait en bois, pour que sa durée soit plus longue, on l'enfonce dans le sol de manière à ce qu'il reste toujours plein d'eau ; précaution inutile lorsqu'on le fait en pierre ou en brique ; dans ce dernier cas, on le couvre avec des dalles en pierre ou une voûte de briques. Sa dimension est très-importante ; il faut qu'elle soit telle, qu'il puisse vider facilement l'étang en un petit nombre de jours, et que lorsque l'étang est en assec, il débite les eaux des grandes pluies sans qu'elles s'extravasent sur le sol de l'étang ; leur épanchement, et surtout leur séjour, nuisent d'ordinaire beaucoup aux récoltes : outre qu'elles peuvent immédiatement les affaiblir ou les détruire, elles donnent de la force aux plantes aquatiques qui bientôt les recouvrent, les oppriment et réduisent à rien leurs produits. Ces inconvéniens peuvent se prévenir en grande partie, comme nous le verrons plus tard, par l'établissement d'une rivière de ceinture ; mais ces rivières n'existent pas partout, et elles sont quelquefois insuffisantes, en sorte qu'il est toujours nécessaire d'avoir un canal d'assez forte dimension pour diminuer les chances d'accident.

§ III. — *De la construction de la chaussée.*

Après l'établissement du bief et du canal, nous arrivons à la construction de la chaussée : le niveau a donné sa hauteur, parce qu'elle doit s'élever à 50 centimètres au-dessus du niveau de l'étang plein. Sa base doit être au moins triple de sa hauteur, et sa surface supérieure doit avoir pour largeur la hauteur de la chaussée ; la pente du côté de l'étang doit être moins rapide qu'en dehors ; elle doit avoir moins de 45 degrés, surtout si la chaussée est exposée aux vents du nord et du midi ; si elle était plus forte, il faudrait la revêtir en gazons.

Ces dimensions une fois arrêtées, on procède à la construction ; et pour cela, on creuse d'abord dans le milieu de l'espace que doit occuper la chaussée, jusqu'à ce que l'on rencontre le terrain ferme, un fossé de 4 pieds de largeur. Ce fossé se remplit avec une terre argileuse qu'on y place en lits peu épais, et qu'à l'aide d'un peu d'eau on pétrit et corroie avec soin en la divisant à la bêche, l'arrosant et la broyant avec les sabots ou des dames, pour qu'elle ne forme qu'une seule masse ramollie ; on fait en sorte, à l'aide de la bêche, qu'elle se lie et fasse corps avec la terre du fond et des bords du fossé : c'est le premier lit surtout qui doit être bien battu, corroyé et lié avec la terre du fond. Quand le fossé est plein, on élève la chaussée en continuant de travailler de la même manière la terre sur toute la largeur du fossé primitif de la clave, et en plaçant à droite et à gauche les terres qui doivent en former le surplus. Cette largeur de 4 pieds de terrain, travaillé et *pisé*, porte le nom de *corroi*, de *clave* ou *clef*, parce que c'est le soin qu'on lui donne qui ferme hermétiquement l'étang et empêche l'infiltration ; le reste des terres de la chaussée se monte à mesure que la clave s'élève ; elles se rangent et se tassent avec soin, mais sans être mouillées ni battues, comme celles de la clave : celles du bief et de la pêcherie peuvent servir à faire la chaussée. On prend le reste sur les deux côtés de l'étang, de manière à ne point laisser de creux qui pourraient retenir le poisson et empêcher l'évacuation des eaux.

Il est à propos que la chaussée ait 15 à 20 centimètres de plus de hauteur dans les parties qui avoisinent le bief, afin que si les eaux venaient à s'extravaser par dessus, elles l'entament plutôt dans ses parties basses que dans celles qui sont plus élevées. Par ce moyen le mal, en cas de rupture, serait moindre, soit sur la chaussée, soit sur les terres environnantes, soit même en perte de poisson, parce qu'il resterait de l'eau dans l'étang. Derrière la chaussée, on creuse, pour recevoir le poisson qui se laisse entraîner lors de la pêche, un autre réservoir circulaire; il est plus petit que la pêcherie, et porte le nom de *burillon* ou *barillon;* de là les eaux s'évacuent dans un fossé auquel on donne le nom de *vidange*.

Cette chaussée construite a besoin d'être défendue contre le battement des eaux dans son niveau supérieur, surtout si le terrain n'en est pas très-argileux ou si elle est exposée aux vents du midi ou du nord. Ces vents, plus fréquens et plus forts, donnent plus d'action aux vagues qui l'entament. Pour s'en défendre, il ne suffit pas de gazonner la partie qui s'y trouve exposée, il faut encore la garnir d'un double fascinage dont le rang supérieur s'élève jusqu'à la limite des grandes eaux, et dont le rang inférieur se fixe au-dessous des eaux basses; les fascines qui se touchent se placent à plat et obliquement sur la pente de la chaussée, et s'y fixent par des piquets munis, autant que possible, de crochets. Cette défense est bonne, mais doit être renouvelée : lorsque la pierre ou les cailloux ne sont pas très-éloignés, on garnit les parties de la chaussée qui risquent le plus d'être dégradées, d'une couche de pierres ou de cailloux qui se touchent et restent en place si on a eu soin, comme nous l'avons recommandé, de donner à la pente du côté de l'étang moins de 45 degrés. On emploie aussi très-utilement pour cet objet un double rang de gazons garnis de touffes de joncs qui reprennent et résistent très-bien à l'action des eaux; lorsqu'on a refait le couronnement de la chaussée, sur la terre

nouvelle produite par ce travail, un semis de jonc réussit
souvent à faire plus tard une bonne défense. En Sologne, on
couronne la chaussée des étangs en dedans avec des cépées de
grands roseaux dont on les débarrasse. Dans les parties du Forez
qui ne sont pas très-éloignées de la pierre, on fait du côté de
l'étang un mur à sec qui défend encore mieux.

Il est prudent de ne point mettre ni souffrir d'arbres sur les
chaussées; leurs racines les traversent en tout sens, en désa-
grègent la terre et percent la clave; puis, lorsqu'ils viennent
à périr par vétusté ou qu'on les coupe, leur racines pourrissent
dans le sol et finissent par y laisser des passages qui deviennent
la perte des chaussées.

§ IV. — *Construction des thous d'étangs.*

Nous arrivons maintenant aux artifices qu'on emploie pour
retenir ou évacuer à volonté les eaux de l'étang; ils sont variés,
mais pour tous la chaussée est percée à la suite du bief d'un
canal d'évacuation; dans notre pays, on couvre l'origine du
canal dans l'étang avec un plateau de bois ou une dalle en pierre
percée d'un trou conique, par lequel l'eau de l'étang s'introduit
dans le canal. Ce trou se bouche au moyen d'un *pilon, bouchon,
bondon* en bois, taillé de manière à remplir le trou ou œil du
canal; on donne à cet œil une forme conique, dont le plus petit
diamètre est égal à la largeur de ce canal; le pilon se manœuvre
par une tige en bois qu'on soulève depuis le terre-plein supérieur
de la chaussée.

Il est peu de constructions où les bois de grande dimension
soient aussi nécessaires que dans l'établissement des thous
en bois des étangs; les canaux soit *bachasses* qui traversent les
chaussées et doivent souvent offrir jusqu'à 18 pouces de vide
en carré, demandent des dimensions qui ne se rencontrent
presque pour aucun prix, si on veut les creuser comme on le
faisait jadis dans des pièces de bois; il faut encore du fort écarrissage pour les colonnes entre lesquelles manœuvre le *pilon*, et
pour le *pilon* lui-même; puis tout le bâtis de l'*emballage*, son

revêtement en plateaux ou madriers sur les deux faces qui se projettent sur l'étang, le revêtement en poutrelles du côté de la chaussée, demandent une énorme quantité de bois qui, à l'exception des bachasses, soit canaux de vidange placés en terre, doit se renouveler tous les vingt-cinq ans.

Précédemment, des *thous* avaient été construits en pierre, mais dans le même système que ceux en bois; les prix de construction en ont été chers, et les alternatives de gelée, de sécheresse et d'eau les ont assez promptement altérés, en sorte que ces constructions n'ont pas eu un avantage bien évident sur les thous en bois; il devenait donc important de faire des modifications à ces artifices: un architecte de Bourg, M. Débelay père, a proposé de remplacer la construction en bois qui enveloppe la tige de la bonde, par un puits en pierre ou en briques. Cette construction qui se rapproche beaucoup de la méthode piémontaise qu'il ne paraît cependant pas avoir connue, a été exécutée avec avantage sur un assez grand nombre de points.

Les premiers essais de ces nouveaux thous ont été faits par mon beau-père et moi; l'expérience nous a conduits à des modifications que nous avons, dans le temps, consignées dans un mémoire assez étendu, publié dans le *Journal d'Agriculture de l'Ain;* nous croyons utile de résumer ici les détails nécessaires pour diriger des constructions de cette espèce.

Les thous anciens et nouveaux sont construits dans le même but et avec les mêmes moyens mécaniques; pour les uns et les autres, il s'agit d'établir et de suspendre à volonté l'évacuation des eaux des étangs retenues par les chaussées; et dans les uns comme dans les autres cette évacuation se fait par un canal qui traverse la chaussée. Ce canal reste ouvert au dehors de l'étang, mais se ferme à volonté dans l'intérieur par un bouchon rond dit pilon, qui s'engage dans un trou de même forme et intercepte le passage de l'eau. Sur cet œil, dans le nouveau système, on établit un puits en maçonnerie qui renferme le mécanisme, et ce puits, dans son pourtour, se couvre de terre qu'on bat avec soin; il n'y a donc de différence entre l'ancien et le nouveau système, qu'en ce que dans les thous anciens toute la construction est en bois et reste à découvert, pendant que dans les nouveaux la maçonnerie remplace le bois, et tout le mécanisme est mis à l'abri des injures de l'air; mais les premiers ont vingt-cinq ans de durée et demandent beaucoup d'entretien, pendant que les seconds, établis avec soin, dureront indéfiniment, sans avoir besoin de réparations.

Le puits se monte au-dessus de l'œil du canal qui en occupe le centre; on peut toutefois, en ne plaçant pas l'œil au milieu du puits, restreindre ses dimensions, par le double motif de diminuer d'abord la dépense et ensuite la saillie du puits dans l'étang : on laisse sur la gauche, et du côté de l'étang, un intervalle de 13 à 16 centimètres entre l'œil ou bonde et le côté intérieur du puits.; on se ménage ensuite sur la droite un espace double pour pouvoir permettre à un homme de manœuvrer à l'aise avec ses bras dans l'intérieur; il en résulte alors qu'un puits, pour un œil de 50 centimètres de petit diamètre, peut n'avoir qu'un peu plus d'un mètre de diamètre intérieur.

Le puits communique avec l'étang par un canal qu'on recouvre de terre. Ce canal a 1 mètre et demi de longueur et une largeur suffisante pour qu'un homme, en s'y engageant, puisse prendre sans se gêner le soin nécessaire pour boucher hermétiquement la bonde, ce qui se fait en garnissant de mousse le joint circulaire du bouchon avec l'œil, et en recouvrant de boue ou d'argile cette espèce de calfat. On garnit avec avantage la partie supérieure du puits d'un collet de pierre de 3 à 4 pouces d'épaisseur; ce collet se recouvre de plateaux de chêne ou d'une dalle qui s'engage dans une feuillure. On recouvre le tout de terre, soit pour le conserver, soit pour le mettre à l'abri des curieux ou des malveillans.

L'œil de la bonde se met dans sa place ordinaire, c'est-à-dire dans l'étang, au-delà du terre-plein de la chaussée, afin que la clave conserve toute son épaisseur et que le puits lui-même ne l'entame pas. On met cet œil dans le bois ou dans la pierre; mais après avoir essayé de l'un et de l'autre, comme il est assez difficile et très-cher de trouver pour de grandes bondes des plateaux de dimension suffisante, nous pensons qu'il y a avantage à

4

employer une dalle en pierre qui coûte moins cher et doit durer indéfiniment ; pendant que le bois périt par ses nœuds, par des gelivures inaperçues, et par le temps enfin, quoique placé à l'abri.

La plus grande dimension de la dalle doit se placer dans le sens de la longueur du canal, en sorte que le mur du puits du côté de la chaussée repose en entier sur elle.

Le fond du canal sous la bonde se garnit d'une pierre plate ou d'un plateau pour résister à la chute des eaux qui se précipitent en ce point, et pourraient causer des dégradations.

Le puits, comme nous l'avons précédemment dit, se monte au-dessus de l'œil ; il est rond quand il ne renferme qu'une seule bonde : pour deux ou un plus grand nombre on le fait ovale avec son grand côté parallèle à la chaussée, pour ménager les matériaux, laisser à la chaussée elle-même le plus d'épaisseur possible, et enfin pour que le puits fasse une saillie moindre dans l'étang.

Le pilon ou bouchon est en bois ; il est traversé par une tige ou *montant* de fer plat qui sert à le hausser ou le baisser. Ce montant est maintenu dans sa direction par deux anneaux plats fixés sur deux traverses en fer scellées dans les murs du puits. Pour manœuvrer, soulever et fixer à volonté le bouchon, le montant porte sur un de ses côtés des dents dans lesquelles s'engrène un cliquet qui s'y accroche par son propre poids, et qui est fixé à la traverse supérieure. Un fil de fer qui monte jusqu'au-dessus du puits, sert à soulever ce cliquet pour pouvoir, à volonté, abaisser ou élever le bouchon. Le montant a une longueur telle, que lorsque le bouchon est soulevé et l'étang en assec, le puits reste encore bouché. Il est essentiel que la face inférieure du pilon soulevé pendant l'assec soit plus élevé que la partie supérieure du canal qui amène l'eau de l'étang. L'expérience nous a prouvé que le choc des grandes eaux qu'amène le canal, lorsque le bouchon se trouve dans leur direction, le tourmente et l'agite, en lui imprimant un mouvement saccadé qui déplace les barres transversales scellées dans le puits, et par suite ébranle la construction. L'extrémité supérieure du montant porte un anneau

qui est plongé dans l'eau quand l'étang est plein ; pour soulever
le pilon, on a une autre tige en fer munie d'un crochet à l'un
de ses bouts, et à l'autre d'un large anneau. On engage le crochet
dans l'anneau du montant du bouchon et dans celui de la tige
un levier, à l'aide duquel on soulève le bouchon. Cette tige se
conserve à la maison et peut servir de clef à tous les étangs de
même construction.

Lorsque l'étang est grand et la quantité des eaux affluentes
considérable, comme la manœuvre d'un bouchon de plus de
50 à 60 centimètres de diamètre serait assez pénible, que dans
un étang de 3 mètres de profondeur ce bouchon est chargé d'un
poids de 6 à 800 litres ou kilogrammes d'eau, que le bouchon
scellé se gonfle et exige, pour être détaché, un effort encore
beaucoup plus considérable, il est tout-à-fait convenable de ne
pas outrepasser cette dimension pour la bonde ; lorsque cette
bonde peut suffire, on fait alors un thou à double bonde, et pour
cela on agrandit son canal autant que le volume des eaux l'exige ;
on le recouvre d'une dalle percée de deux yeux aussi voisins que
possible, sans trop affaiblir la pierre, et on donne au puits qui
les recouvre une forme ovale dont le grand diamètre est parallèle
à la chaussée ; on a alors un puits à deux bondes. Si ces deux
bondes étaient insuffisantes, rien n'empêcherait qu'on n'en
ajoutât une troisième et même une quatrième ; il suffirait d'augmenter les dimensions du canal et du puits ; toutefois, il serait
bien rare d'avoir besoin d'un puits à 4 bondes de 18 pouces de
diamètre ; dans ce cas, il faudrait à la dalle où devraient se
creuser les yeux, 3 mètres au moins de longueur ; mais ces
quatre bondes donneraient passage à une énorme quantité d'eau
de plus de 3,000 litres par seconde, débit qui représente celui
d'une assez forte rivière et qui évacuerait nos plus grands
étangs en très-peu de jours.

Pour empêcher le poisson de s'échapper au moment de la
pêche, on peut griller l'embouchure du canal dans l'étang ; on
supplée à cette grille qui doit rester à demeure, par une autre
amovible en fil de fer, clouée sur un cadre de chêne. Cette grille
peut se porter à chaque étang qu'on veut pêcher ; on la descend

devant l'entrée du canal, en la laissant glisser le long de la chaussée, le fil de fer tourné du côté de l'eau : elle est soutenue par une corde attachée à deux angles du cadre qui sert à la descendre et à la relever, pour la nettoyer si elle vient à s'engorger. Comme une seule grille peut suffire pour tous les étangs, ce moyen est peu dispendieux et satisfait à tous les besoins.

Cela posé, il peut être utile d'entrer dans les détails et les dépenses d'une pareille construction. Pour cela, admettons que nous ayons à construire un thou pour un étang pourvu d'une bonde de 50 centimètres de petit diamètre et de 3 mètres et demi de hauteur de chaussée; par suite le puits aura 1 mètre de grand diamètre. Cette dimension de bonde peut convenir à un assez grand étang de 15 à 20 hectares, puisqu'avec une charge moyenne de 2 mètres d'eau, elle peut en vingt-quatre heures en débiter 60,000 mètres cubes qui sont à peu près le tiers de l'eau que contient un étang de 20 hectares et de 3 mètres de profondeur; un pareil étang avec cette bonde se viderait donc en trois jours, évacuation aussi prompte qu'il est convenable de la faire.

Maintenant estimons 120 francs la toise cube de pierre de 7 pieds et demi de côté rendue sur place, soit 8 francs 50 centimes le mètre cube, 5 francs 50 centimes le tonneau, ou les 2 hectolitres de chaux; le sable, assez ordinairement pris sur place, a peu de valeur; cependant portons-le à 1 franc le tombereau. Comptant au prix ordinaire la façon du maçon, la toise cube de maçonnerie de 422 pieds cubes reviendra à peu près à 218 francs, ou 15 francs 50 centimes le mètre cube, prix dont un cinquième au moins est pour la voiture.

En supposant à l'étang 3 mètres de profondeur vers la chaussée, la chaussée aura, suivant les plus grandes dimensions, 7 mètres de terre-plein et 14 mètres de base; ce sera donc 14 mètres de longueur de canal à construire.

Supposons le canal de vidange rectangulaire de 50 centimètres de largeur sur 40 de hauteur; en le couvrant d'une voûte à laquelle on donnera 10 centimètres de flèche, la hauteur du sommet de la voûte sera de 40 centimètres au-dessus du fond du canal, et les murs de côté, ou pieds droits, auront 30 centimètres de hauteur, auxquels on en ajoutera 10 pour les fondations. En admettant que chacun de ces murs ait 30 centimètres d'épaisseur, ce qui est au-delà du besoin, les murs d'à-côté cuberont 3,36 mètres cubes et coûteront par conséquent 52 francs ; la dalle portant l'œil de la bonde de 10 à 12 centimètres d'épaisseur et de 1 mètre sur 1 mètre 30 centimètres, pourra coûter 20 francs.

Quant à la voûte, il y aura économie, comme nous l'avons précédemment dit, à la faire en briques placées sur leur longueur ; il faudra pour un mètre de longueur de voûte à-peu-près trente-trois briques. En les mettant à 5 francs le cent, prix ordinaire dans les pays où les fabriques sont presque partout à portée, le mètre courant de voûte, chaux, façon et cintre compris, reviendra à-peu-près à 2 francs 50 centimes, ce qui met les 14 mètres de voûte à 35 francs, ou en tout, le canal voûté coûterait, avec la dalle de la bonde, 107 francs, soit 120 francs, en revêtissant en pierre de taille l'entrée et la sortie du canal.

Le puits de 1 mètre de diamètre qui s'élèvera à 3 mètres de hauteur, soit à 50 centimètres au-dessous du niveau de la chaussée, cubera à-peu-près 3 mètres, en supposant au mur 30 centimètres d'épaisseur : à cause de l'ébauche des pierres, nous porterons sa construction à 50 francs.

Le collet en pierre qui recouvre le puits coûtera, avec la feuillure, 15 francs ; et la dalle fermant le puits avec un petit anneau scellé, destiné à recevoir une corde pour la soulever, pourra valoir 7 à 8 francs ; en tout, le puits s'élèvera à 73 francs.

La ferrure du pilon avec ses traverses coûtera 24 francs, façon comprise ; le pilon lui-même pour lequel il faut un morceau sain et choisi, sans aubier, de 60 centimètres au moins de diamètre et de 30 à 33 de hauteur, peut coûter, avec sa façon, 10 francs.

Nous ne compterons pas tous les terrassemens à faire dans cette construction ; comme nous devons la comparer à l'ancienne, il nous suffira de porter en compte le surplus de terrassemens qu'elle nécessite et qui peut s'élever au plus à 5 francs.

Si l'on veut faire la construction toute en pierre, il en faudra un peu moins d'une toise; si l'on voûte le canal et si l'on construit le puits en briques, combinaison qui semble la meilleure, une demi-toise de pierre suffira avec onze ou douze cents briques; et si l'on fait tout en briques, deux milliers et demi suffiront.

Dans ce cas, il n'est pas sans importance de se procurer de la pierre pour l'entrée et la sortie du canal, parce que ces deux points sont, dans toute la construction, les seuls exposés aux gels, dégels et aux alternatives d'humidité et de sécheresse. Il serait encore convenable que le couronnement du puits, sujet à dégradation, fût en pierre; il y aura, en général, en employant les briques, moitié à-peu-près d'économie de main-d'œuvre, parce que la brique, pour le puits, le canal voûté et toute la maçonnerie, se met en place sans préparation, pendant qu'il faut beaucoup de travail pour ébaucher les pierres.

Mais un soin auquel il faut astreindre sévèrement les ouvriers, c'est de tremper dans l'eau chaque brique avant de l'employer, parce qu'autrement la brique sèche à l'instant le mortier et lui ôte par là les moyens de faire bonne prise.

Il est aussi fort essentiel d'avoir de bonne chaux, c'est-à-dire de la chaux hydraulique ou chaux maigre. Pour toute maçonnerie en terre, dans l'eau ou à couvert, pour de la maconnerie surtout qui a besoin de faire promptement prise, la chaux hydraulique a un avantage incontestable. Le dernier thou que nous avons construit, a été, le lendemain de son achèvement, assailli d'une grande abondance d'eau; il en est sorti sans aucun dommage, et il est à-peu-près sûr qu'avec de la chaux ordinaire il eût été entraîné, et avec lui peut-être une partie de la chaussée. Cette chaux doit être employée vive; sa prise est plus forte et plus prompte; d'ailleurs, quatre à cinq tonneaux de chaux suffiront pour la construction en question.

On doit prendre soin, encore plus que dans toute autre maçonnerie, que les matériaux soient placés à bain de mortier pour boucher tout passage aux eaux et faire de toute la construction un seul ensemble.

On couvrira de mortier les reins des voûtes et le hors-d'œuvre du puits ; ce mortier de chaux hydraulique se lie bien avec la terre à laquelle il fait faire une demi-prise.

En récapitulant les prix ci-dessus établis, on aura pour la dépense entière du thou en pierre d'un étang à bonde de 50 centimètres de diamètre, 232 francs, ou, pour parer aux événemens, 260 francs, prix dont un cinquième à-peu-près se compose de frais de transports.

Si nous voulons maintenant comparer cette dépense à celle de la construction en bois, nous remarquerons d'abord que, dans l'état actuel des choses, il serait difficile, ou tout au moins excessivement cher, d'établir des *bachasses* creusées dans le bois, comme le sont toutes les anciennes. Nous supposerons donc que, pour plus d'économie, on fasse un canal de 50 centimètres de largeur sur 40 de hauteur, en plateaux de 10 centimètres d'épaisseur ; mais des plateaux de cette dimension ne se rencontrent pas ; il faudra donc, pour le fond, employer deux plateaux goujonnés, moussés et goudronnés, mettre en travers les plateaux de la couverte, et si on ne peut en avoir de 40 centimètres pour les à-côtés, on augmenterait la largeur du canal en réduisant sa hauteur. L'un des inconvéniens des bondes en bois, c'est de ne pouvoir être faites que dans les dimensions assez restreintes de la largeur des bois ; aussi on a été obligé de les multiplier ; dans les grands étangs, on ne les a le plus souvent que de 30 à 36 centimètres de diamètre, ce qui donne 33 centimètres à l'œil : or, une bonde de 33 centimètres qui offre 0 m. 85 de débouché, pendant que celle de 50 centimètres en offre 1 m. 96, ou une section d'écoulement plus que double.

Il faut aussi, pour cela, avoir des plateaux de choix, sans nœuds et sans aubier, qu'on trouverait difficilement à moins de 9 francs le mètre carré. Les quatre faces du canal donnant 2 mètres de développement de plateaux en bois travaillé, il faudra au moins 7 pieds de plateaux par pied courant de canal, en ayant égard aux pertes, aux fausses coupes, au dressement des plateaux ; le bois reviendra donc à 21 francs, soit, si l'on veut, à 20 francs le mètre courant, et, par conséquent, les 30 pieds (10 mètres) auxquels se réduit le canal, parce qu'il ne se fait qu'à travers la chaussée, coûteront 200 francs de bois, non compris la façon.

Maintenant pour les deux colonnes, le chapeau et l'éparre inférieure, il faut du bois d'un pied au moins d'écarrissage, soit 36 pieds à 2 francs, qui font 72 francs; le pilon doit avoir 18 pouces de diamètre, 13 pieds de longueur et ne peut coûter moins de 36 francs, en supposant même qu'on enlève à la scie et qu'on emploie utilement le bois qu'on détache de la tige; pour revêtir l'*archerie*, il faut à-peu-près 200 pieds de plateaux de 2 pouces d'épaisseur, à 35 centimes le pied carré, qui font 70 francs.

Derrière le pilon, on double toute la construction en *travons* de 5 pouces d'écarrissage sur une hauteur de 10 pieds et une largeur de 5, soit, pour cet objet, 120 pieds, à 25 centimes, 30 francs. Comptant ensuite 120 pieds de bois de 6 pouces sur 5, pour faire le bâtis de l'*archerie*, recevoir le *platelage*, tenir tout l'ensemble lié en terre et hors de terre, et comptant ce bois à 40 centimes, on aura encore 48 francs.

Le charpentier, à cause du canal, demandera, non compris les terrassemens, au moins 80 francs de façon; soixante livres de crosses, soit 24 francs, suffiront à peine à cause du canal qui en exige au moins moitié; nous ne compterons point de frais de voiture parce que les bois sont d'ordinaire à proximité.

Nous ne parlerons pas des terrassemens, parce qu'ils sont à-peu-près les mêmes que dans les thous couverts, où nous n'avons porté en compte qu'un supplément, parce qu'effectivement ils y sont plus considérables.

Récapitulant tous ces différens articles, nous aurons pour la dépense d'un thou en bois 560 francs, prix auquel, dans beaucoup de localités, les charpentiers refuseraient de l'établir.

Ainsi, une construction, suivant l'ancien système, construction à la merci de la malveillance, sujette à des engorgemens qui entraînent souvent la perte du poisson, qui, au bout de douze à quinze ans, demande des réparations, et, après vingt-cinq ans, une reconstruction entière, à l'exception du canal, coûte plus du double d'une construction en pierre, fer et briques, d'une exécution facile, d'un service commode, d'une durée indéfinie, et à l'abri de toutes les injures de l'air, de toute mauvaise volonté.

L'ancienne construction pouvait convenir dans un temps où les bois étaient communs, peu chers et à portée, et la pierre presque partout hors d'usage; maintenant que les bois sont rares, chers et manquent à beaucoup de domaines, que la pierre et la brique peuvent partout arriver au moyen de chemins meilleurs, la construction nouvelle doit prendre la place de l'ancienne.

§ V. — Des grilles.

Nous arrivons maintenant aux moyens de conserver le poisson dans l'étang et d'empêcher qu'il ne s'échappe par les canaux d'introduction et de sortie des eaux. Pour y parvenir, on place à l'entrée et à la sortie des grilles faites en bois avec des barreaux quadrangulaires de 2 pouces et demi (68 millimètres) d'écarrissage, placés diagonalement à 8 lignes (18 millimètres) de distance entre eux. Ainsi construites, ces grilles sont chères, durent peu long-temps et sont faciles à se déranger et à se détruire; nous les avons remplacées avec avantage et économie par d'autres en fer de petit échantillon, de 13 millimètres de côté. On place diagonalement ces petits barreaux de fer et on les assemble dans trois traverses de même métal placées au-dessus, au-dessous et au milieu de la grille; la traverse du dessous se noie dans un banc-gravier en pierre de taille, qui supporte deux montans dans lesquels se scellent les deux autres traverses de la grille. En donnant à ces grilles en fer la moitié de la largeur de celles en bois, elles offrent un beaucoup plus fort dégorgement que celles-ci, car chaque barreau de bois offre 18 millimètres de passage d'eau pour un espace de 105 millimètres, plein et vide compris; le barreau en fer donne la même issue pour un espace de 36 millimètres: la grille en fer offre donc 50 pour % de passage dans sa largeur, pendant que celle en bois n'en offre que 17. Par conséquent, une grille en fer donnerait à-peu-près autant de passage qu'une grille en bois trois fois plus grande. On emploie pour cet usage le fer laminé et la grille peut s'établir à froid. Une grille de 1 mètre 50 centimètres de large, sur 84 centimètres de hauteur, pèse 50 à 60 kilogrammes, et présente un vide de près de deux tiers en sus de la grille en bois et doit procurer un écoulement plus considérable (1). En estimant la pierre et la main-d'œuvre chèrement, l'établissement d'une grille en pierre et fer revient en tout à 100 francs, et dure toujours, pendant qu'une en bois coûte à-peu-près autant et dure à peine vingt ans. Dans le Dauphiné, quelques étangs, dit-on, ont des grilles de cette espèce.

M. Périer, député de l'Ain, s'est bien trouvé de remplacer le système de grilles de barreaux rectangulaires en bois, qui prennent trop de place, par un assemblage de petites lames parallèles, en chêne, placées comme des lames de persienne ou d'abat-jour; ces lames sont éloignées entre elles de 18 millimètres, et leur inclinaison est parallèle à celle de la chaussée.

On peut remplacer la grille de trop-plein d'une manière simple et que nous croyons avantageuse. Pour cela, dans le mur du puits dont nous avons parlé, et du côté de la chaussée, on construit un canal vertical rectangulaire, dont le grand côté est parallèle à la chaussée, et qui débouche dans le canal d'évacuation. Ses dimensions doivent être proportionnées à la quan-

(1) Il semblerait au premier aperçu que les grilles en fer, offrant de vide le triple de celles en bois, on pourrait ne leur donner qu'un tiers de la largeur de celles en bois ; mais l'évasement des barreaux, à l'entrée et à la sortie de l'eau, augmente beaucoup le débit, et on peut admettre, d'après les expériences des hydrauliciens, que la grille en bois, avec les dimensions que nous venons de donner, débite presque autant qu'un vide du tiers de sa largeur totale. Un avantage analogue se rencontre, il est vrai, dans les grilles en fer ; mais le rapprochement des barreaux diminue beaucoup l'espace laissé à l'eau, à l'entrée et à la sortie ; et les surfaces d'évasement étant relativement beaucoup plus petites que dans les grilles en bois, il en résulte que l'avantage qu'elles produisent pour le débit est beaucoup moins sensible. Nous ne connaissons, sur cette question, que les expériences citées par Daubuisson, qui ne se rapportent pas à des grilles mais à des tubes isolés ; mais nous avons lieu de croire que deux tiers en sus de vide de plus donné aux grilles en fer compensent au-delà l'avantage que donne aux grilles en bois la largeur de leurs barreaux.

lité d'eau à évacuer. On doit le construire pour le côté du moins qui lui est mitoyen avec le puits, en briques et chaux hydraulique, ou ciment de Pouilly, afin qu'il ne se fasse point d'infiltration. Nous donnerons plus tard un tableau des dimensions de ce canal, assorties aux volumes d'eau à évacuer.

Nous dirons, avant d'aller plus loin, que le bord supérieur de ce canal vertical qui doit servir de déversoir aux eaux, doit être placé au niveau du banc-gravier de la *daraise* ou grille dont il prend la place, et que le fond du canal de vidange où viennent aboutir ses eaux, doit être garni depuis son origine sous le débouché de la bonde et du canal vertical, et 50 centimètres au-delà, d'une dalle engagée sous la maçonnerie, afin que les eaux qui se précipitent avec une grande vitesse, soit par l'œil, soit par l'embouchure du canal, ne ravinent pas et ne creusent pas en sous-œuvre le canal de vidange.

Ce canal intérieur, que nous proposons pour remplacer la *daraise*, est simple, peu dispendieux, facile à exécuter; on ne lui prévoit point de dérangement; il ne peut s'engorger comme les grilles; bien plus, comme le trop-plein de l'étang s'écoule alors par le canal de vidange, il dispense d'une rivière de trop-plein qui prend de la place, demande du travail pour son entretien, et intercepte les chemins; enfin il se trouve, comme le reste du thou, renfermé à l'abri de toutes les entreprises, des injures de l'air, et il est, comme tout son ensemble, d'une durée indéfinie.

§ VI. — *Thous piémontais et prussiens.*

Les thous piémontais dont nous avons précédemment parlé, ressemblent à ceux que nous venons de décrire; mais le bouchon au lieu d'être en bois est en pierre; il est garni d'un plateau qui reçoit un cuir sous sa face inférieure. On le manœuvre au moyen d'un treuil placé à la partie supérieure de la chaussée, et autour duquel s'enveloppe une chaine qui soutient le bouchon. Cette chaine a 18 pouces de la bonde, se divise en trois chainons qui aboutissent à trois points de la circonférence du bouchon. Le treuil, à sa partie supérieure, porte une roue dentée dans laquelle s'engage un cliquet qui maintient ce bouchon à la hauteur que l'on veut. Les étangs de ce pays sont destinés à l'irrigation des prairies; leur chaussée est percée à différentes hauteurs par des canaux qui s'ouvrent, se bouchent à volonté, et correspondent à des rigoles qui arrosent les parties intermédiaires des prés. Ceux de ces étangs où l'on élève du poisson ne se vident entièrement que pour la pêche.

On emploie encore quelquefois des thous dits *à la Prussienne*, dans lesquels l'orifice du canal pour évacuer les eaux, est à quelque distance de la chaussée, en sorte que le pilon se trouve au milieu de l'eau. Le bâtis où il est placé peut être en fer ou en bois. Pour le manœuvrer, on y arrive au moyen d'une échelle ou d'une planche qui sert de pont, et s'appuie d'un côté sur la chaussée et de l'autre sur les traverses de fer ou de bois du thou. Le treuil piémontais serait le meilleur moyen de le manœuvrer. Trois montans en fer, scellés dans la pierre de la bonde et maintenus entre eux par des traverses, pourraient soutenir tout le mécanisme et ne seraient point une dépense plus considérable que le puits en pierre; cependant on serait obligé, pour empêcher le poisson de s'échapper lors de la pêche, de couvrir l'orifice par une grille sphéroïdale assez élevée pour permettre le soulèvement du bouchon, et dans laquelle on laisserait un trou pour le jeu de la tige ou de la chaîne qui le soutient; cette grille en fer mince serait une dépense qui ne s'élèverait pas à 50 francs.

On pourrait aussi dans le thou prussien remplacer la *daraise* ou grille et le canal de trop plein, par un canal vertical qui aurait son embouchure supérieure au niveau du banc-gravier de la *daraise* de trop plein, et son embouchure inférieure dans le canal de vidange. On l'établirait plus convenablement et plus solidement en fonte qu'en maçonnerie, mais il serait plus cher; il suffirait, nous pensons, que son embouchure supérieure eût un diamètre égal à moitié du vide de la grille ou *daraise* de trop plein, parce que ce tuyau sur sa circonférence ferait l'office d'un déversoir, qui offrirait moitié en sus du vide de la daraise; ensuite il se ferait plus économiquement en deux pièces, dont la

première serait conique et aurait 1 mètre de hauteur ; comme
la vitesse à la partie inférieure du tuyau serait à peu près double
de celle à l'entrée, on pourrait diminuer le diamètre du second
tuyau d'un tiers, et donner par conséquent au petit diamètre du
cône tronqué les deux tiers du grand, ce qui diminuerait notablement les frais.

Nous avons donné ailleurs le devis de la construction d'un
thou à la prussienne. Son prix serait encore un peu plus de
moitié de celui des thous en bois, et peu élevé au-dessus de celui
des thous couverts. Si l'habitation était éloignée, les constructions en fer pourraient ne pas être à l'abri de la malveillance ou
de la cupidité ; cependant, pour des étangs près des maisons,
pour de grands réservoirs, cette construction ne serait pas sans
élégance, et elle offrirait l'avantage des thous couverts, d'être
d'une durée indéfinie.

§ VII. — *Des dimensions des canaux d'entrée, de vidange
et de trop plein.*

Nous avons indiqué les moyens de construction de ces canaux, mais il est important d'avoir aussi leurs dimensions.
Pour cela il faut, dans les grandes eaux, chercher à évaluer la
quantité des eaux affluentes à l'étang. Cette quantité peut s'apprécier en l'observant dans le bief de l'étang où elles doivent
toutes se rendre. Les dimensions de ce bief sont connues. La
vitesse de l'eau se détermine, en l'observant au moyen d'une
montre, dans une partie régulière du bief où la vitesse est
uniforme. Une montre ordinaire bat 145 coups par seconde ;
en comptant le nombre des battemens que mettent à parcourir
une longueur déterminée du bief, des corps légers jetés à sa
surface, on pourra en conclure l'espace parcouru ou la vitesse
de l'eau par seconde. Maintenant, pour avoir son volume ou le
prisme d'eau écoulé par seconde, on a la surface de la section
de l'eau, en multipliant sa profondeur moyenne par la largeur
du bief. Multipliant ce produit par l'espace parcouru en une
seconde, on a le prisme d'eau écoulé, dont on ôte ensuite un

cinquième à cause des frottemens. On a donc le volume de l'eau à écouler par le canal de vidange dont nous avons à déterminer les dimensions.

Ce canal doit débiter l'eau de manière à ce que le bief ne déborde pas sur les récoltes; il doit donc évacuer l'eau du bief plein; mais comme le toit du canal est au niveau du fond du bief, lorsque le bief sera plein, il est clair que l'eau qui le remplit sera pressée par une colonne de fluide, qui aura pour hauteur la profondeur du bief, 40 centimètres, et l'épaisseur au moins de la dalle qui sert de toit au canal. En supposant à la dalle ou au plateau 12 centimètres d'épaisseur, l'eau du canal sera pressée par une colonne d'eau de 52 centimètres de hauteur.

Le changement de direction de l'eau et la contraction qu'elle éprouve à son entrée dans le canal, diminuent bien au moins de 25 à 30 pour 0/0 son débit théorique. Nous ne croyons pas avoir à faire une plus forte déduction, parce que l'œil de la bonde étant évasé et ayant les mêmes dimensions que le canal, la contraction est moindre.

D'ailleurs la pente du terrain et la profondeur de l'eau dans le canal, donnent déjà une vitesse de débit à l'eau dont nous ne tiendrons pas compte, non plus que de la vitesse de l'eau affluente, parce que pour donner des dimensions suffisantes au canal, il est tout-à-fait à propos d'en avoir au-delà de ce que la théorie et même la pratique ordinaire peuvent faire juger nécessaire.

Cela posé, pour avoir les dimensions du canal, nous nous bornerons à déterminer le diamètre de l'œil. Ce diamètre sera la largeur du canal, parce qu'il est très-convenable que cette dimension se continue pour faciliter l'écoulement. On donne ensuite au canal en hauteur les trois quarts de sa largeur, pour que la coupe du canal rectangulaire soit égale à la surface circulaire de l'œil qu'on sait équivaloir à peu près aux trois quarts du carré du diamètre. Nous donnerons au canal une hauteur moindre que sa largeur, afin de diminuer d'autant moins la pente des eaux de l'étang dans le canal de vidange.

Les dimensions du canal varient de quelque chose si on le

recouvre en dalles à plat ou en voûte. Les dalles peuvent être un peu meilleur marché, mais elles sont plus sujettes à accident que les voûtes en pierre ou en brique. Les voûtes en briques, employées sur leur largeur, suffisent de reste pour un ouvrage solide.

Le canal se compose de deux parties ; la première remplace l'ancienne *bachasse* en bois, et règne depuis la bonde qui en forme le toit jusque au-delà de la chaussée qu'il traverse : ainsi son fond se trouve, comme nous venons de le remarquer, au-dessous de celui de l'étang d'une quantité égale à sa profondeur. La deuxième partie de ce canal n'est autre chose que la suite du bief qui amène l'eau de vidange dans l'intérieur du puits. Il est devenu nécessaire, dans le nouveau système, de mettre en canal et de recouvrir cette extrémité du bief, parce qu'on a dû traverser les terres qu'on place dans le vide de l'ancien thou, afin de recouvrir le puits et tous les travaux. On évase l'embouchure de ce canal du côté de l'étang, et on lui donne des dimensions telles, qu'un homme puisse facilement y pénétrer et pouvoir à son aise y manœuvrer pour boucher et calfater le tour de la bonde.

Nous avons dit qu'il y avait avantage à voûter le canal de décharge ; on peut surbaisser la voûte de manière à ne lui donner qu'une flèche d'un quart au plus de la largeur du canal.

L'étendue d'un étang doit être en général proportionnelle à la quantité d'eau qu'il reçoit ; autrement le grand étang qui reçoit peu d'eau se remplit tardivement et quelquefois pas du tout ; c'est ce qui arrive à quelques-uns de nos étangs auxquels il faut deux ans pour se remplir : cependant lorsqu'un étang en a d'autres qui lui correspondent, et de l'eau desquels on peut disposer, on a besoin d'une moindre quantité d'eau affluente ; mais toujours encore ces étangs offrent l'inconvénient de baisser outre mesure pendant l'été, parce que les pluies de cette saison sont loin de suffire pour contrebalancer la perte de l'eau que leur font subir l'infiltration et l'évaporation.

Réciproquement, lorsqu'un petit étang a une trop grande chute d'eau, il est plus sujet aux accidens ; mais on peut les prévenir en pratiquant une rivière de ceinture qui reçoit et débite les eaux lorsque l'étang est plein.

Mais revenons aux moyens d'évacuation des eaux de vidange : nous pensons que lorsque l'eau affluente s'élève au-delà de 300 litres par seconde, il est convenable, pour la facilité de la manœuvre, d'établir deux bondes pour partager la charge d'eau. En effet, la quantité de 300 litres d'eau affluente exige, comme nous le verrons, une bonde de 52 centimètres de diamètre; or, avec ce diamètre de l'œil, le bouchon conique doit avoir 60 centimètres de grand diamètre; il supporte alors dans l'étang plein, en raison d'une hauteur d'eau de 2 à 3 mètres, une charge d'eau de 6 à 900 litres ou kilogrammes. Ce bouchon, lorsqu'il est engagé dans l'œil et gonflé dans l'eau, est donc déjà d'une manœuvre assez difficile; nous assignerons donc deux bondes pour un afflux d'eau de 300 à 600 litres, nous en donnerons trois de 600 à 900, et quatre de 900 à 1,200. A ces bondes multiples, on pourrait ne donner qu'un seul canal dont les dimensions croîtraient avec la quantité d'eau qu'elles doivent débiter; cependant il est mieux de diviser cette eau et de faire deux thous à double bonde : trois bondes de 50 centimètres exigent déjà un trop grand diamètre de puits, et ce grand diamètre entame trop la chaussée ou fait une trop forte saillie dans l'étang; nous pensons donc que pour un débit au-delà de 600 litres, il convient d'établir deux thous, et ainsi de suite.

Il nous semble utile de donner un tableau des dimensions du canal d'évacuation pour les petits comme pour les grands étangs; mais nous ne pousserons pas ce tableau au-delà d'une affluence de 600 litres par seconde. Avec le double tableau que nous donnons, on pourrait sans difficulté conclure les dimensions nécessaires à un canal qui devrait débiter 1,200 litres, et au-delà; mais cette affluence d'eau est bien rare; elle est celle de nos petites rivières dans leurs eaux déjà fortes, et elle suffirait avec une chute de 2 mètres, à faire tourner sept à huit artifices de mouture.

Nous avons construit notre tableau avec la formule de l'évacuation de l'eau par les grands orifices, qui consiste à multiplier la section de l'évacuation par la vitesse. En appelant donc h la charge d'eau ou sa hauteur au-dessus du canal, x le rayon de l'œil de la bonde, a la quantité d'eau affluente ou celle qui doit s'évacuer en une seconde, nous aurons $a = \frac{22}{7} x^2 \sqrt{2 \text{ p. h}}$ $= 3,14 \cdot x^2 \cdot \sqrt{19,62 \cdot 0,52} = 3,14\, x^2 \cdot \sqrt{10,2024} = x^2\, 10,02$; d'où $x^2 = \frac{a}{10,02}$ ou $x = \sqrt{\frac{1}{10,02}} \sqrt{a} = 0,316 \cdot \sqrt{a}$, formule d'où l'on pourra conclure toutes les valeurs de x, ou le rayon de l'œil. Par conséquent, pour avoir le diamètre de l'œil ou le double de x, on aura $2\,x = 2 \cdot 0,316 \cdot \sqrt{a} = 0,632 \sqrt{a}$.

Mais attendu que l'eau doit traverser le canal pour atteindre au puits, ce qui diminue notablement son débit, et qu'à son entrée dans le canal de vidange il y a changement de direction, et encore même une notable contraction, quoique l'œil ait la largeur du canal, nous augmenterons de moitié en sus notre coëfficient qui deviendra 0,948, afin d'éloigner convenablement les chances d'inondation des récoltes.

C'est avec cette formule que nous avons construit le tableau suivant :

ÉTANGS A UNE BONDE.		ÉTANGS A DEUX BONDES.	
Eau affluente en une seconde.	Diamètre de l'œil.	Eau affluente en une seconde.	Diamètre de chaque œil.
20 litres.	0,134	300 litres.	0,367
40 —	0,190	325 —	0,382
60 —	0,232	350 —	0,396
80 —	0,268	375 —	0,410
100 —	0,300	400 —	0,424
125 —	0,335	425 —	0,437
150 —	0,367	450 —	0,450
175 —	0,396	475 —	0,461
200 —	0,424	500 —	0,473
225 —	0,450	525 —	0,485
250 —	0,473	550 —	0,497
275 —	0,497	575 —	0,508
300 —	0,519	600 —	0,519

Ce double tableau pour les étangs à une ou deux bondes peut

5

servir à déterminer les dimensions d'un plus grand nombre, attendu que le débit de chacune d'elles ne doit pas être de plus de 300 litres. Il nous a paru utile, pour rendre ce tableau complet, de rechercher les diamètres nécessaires à de petits étangs dont l'eau affluente serait au-dessous de 100 litres par seconde.

Ainsi, ce n'est donc pas en premier ordre l'étendue de l'étang, mais bien la quantité d'eau affluente qui doit déterminer les dimensions du canal d'évacuation; toutefois, il faut encore que ce canal puisse évacuer l'étang en deux ou trois jours : mais les dimensions que nous venons de déterminer pour l'œil, qui est l'embouchure du canal, seront suffisantes; la colonne d'eau qui charge l'eau de l'étang qui se vide, a en hauteur, de plus que celle de l'étang en assec, toute la profondeur de l'étang qui diminue successivement à mesure qu'il se vide : on pourrait donc, pour évaluer le débit, le supposer fait sous la pression d'une colonne d'eau égale à la moitié de la profondeur de l'étang. Ici, adoptant pour profondeur moyenne 2 mètres 60 centimètres, la charge de l'eau de l'écoulement qui nous a servi de base pour calculer notre œil, sera augmentée de 1 mètre 30 centimètres, circonstance qui doublera à peu près la quantité d'eau débitée par le canal, au moyen de quoi l'étang en question, par exemple, pourra se vider en deux jours et demi ou trois jours au plus.

Lorsque la quantité d'eau affluente à l'étang est très-considérable et qu'on craint les inondations, dans les années d'assec on pratique à travers la chaussée un canal dont on bouche hermétiquement l'embouchure dans l'étang lorsqu'il est en eau, et qu'on tient débouché lorsqu'il est en assec. On donne à ce canal le nom de *bachasse-borgne*. A défaut d'un pareil canal, on coupe la chaussée; mais c'est un moyen qui la détériore et demande beaucoup de main d'œuvre pour l'ouvrir d'abord, et la réparer ensuite.

§ VIII. — *Dimension des grilles.*

On distingue les grilles des canaux d'introduction et celle de la rivière de trop plein ou *ébie*. C'est cette dernière qui est la plus essentielle ; ses dimensions peuvent se déduire de celles du canal d'introduction : toutefois, comme il est absolument nécessaire qu'elle puisse suffire, au cas même des plus grandes eaux, on doit lui donner des dimensions relatives beaucoup plus considérables ; l'insuffisance de la grille de la rivière de trop plein fait passer l'eau par-dessus les chaussées, les expose à être rompues, et par suite, outre la perte du poisson, peut occasionner de très-grands ravages dans les fonds inférieurs ; il faut donc à la grille de trop plein des moyens de débit doubles au moins de ceux que nous avons jugés convenables pour le canal d'évacuation, et comme la pente de ce canal hors de l'étang est très-forte, puisqu'elle est de toute la hauteur de l'eau de l'étang, depuis la grille jusqu'à la rencontre du canal d'évacuation, il est à propos, au bas du banc-gravier qui supporte la grille, d'établir un glacis de 30 à 40 centimètres de pente pour hâter le débit de l'eau sur le banc-gravier qui servira de déversoir ; on pourra donc considérer son écoulement sur le banc-gravier comme ayant lieu par déversoir.

Maintenant, la question consiste à déterminer la somme des espaces vides entre les barreaux qui sont ceux ouverts à l'eau d'écoulement, et il faut que ces espaces soient tels que l'eau affluente de l'étang que nous avons appelée a, s'y débite facilement. Si maintenant nous admettons que la lame d'eau s'élève à 40 centimètres au-dessus du banc-gravier, c'est-à-dire à 10 centimètres au-dessous du niveau supérieur de la chaussée, en employant la formule de Daubuisson, et appelant L la somme des espaces vides entre les barreaux, et h la hauteur de l'eau au-dessus du banc-gravier supposée de 40 centimètres ; nous aurons $a = 1,80 L . h \sqrt{h} = 1,80 L . 0,40 \sqrt{0,40} = L . 0,72 .$ $0,632 = L . 0,455$; d'où $L = \dfrac{a}{0,455} = 2,19 . a$. Les différentes valeurs de L seront donc égales au nombre de litres affluens, multipliés par le coëfficient 2,19. Mais d'après ce que nous avons dit, pour doubler les moyens d'évacuation, nous doublerons le coëfficient qui deviendra alors 4,38, soit en nombre rond 4,40, ce qui nous donne le tableau suivant :

QUANTITÉ d'eau affluente.	ESPACES VIDES dans les grilles.
100	0,440
125	0,550
150	0,660
175	0,770
200	0,880
225	0,990
250	1,100
275	1,210
300	1,320
325	1,430
350	1,540
375	1,650
400	1,760
425	1,870
450	1,980
475	2,090
500	2,200
525	2,310
550	2,420
575	2,530
600	2,640

Mais cette grille se bouche quelquefois par la foule de corps légers que l'eau entraîne avec elle; il faut donc de la surveillance pour la dégager. Pour se donner plus de sécurité, on place au-devant de la grille et à une certaine distance, sur un développement plus grand qu'elle, une *fagotée* à travers laquelle l'eau filtre et se débarrasse de tout ce qui pourrait faire obstacle dans la grille.

Bien qu'il semble qu'aucune expérience directe des hydrauliciens ne se soit assurée du débit de l'eau par un passage grillé, il est certain cependant, en raison de la position particulière des barreaux, que le débit est plus fort que s'il avait lieu dans un passage dont la largeur serait égale à la somme des vides que laissent entre eux les barreaux, et le débit est plus considérable

dans les grilles en bois que dans les grilles en fer, parce qu'il
est en rapport avec la longueur entière des grilles ; il s'accroît
sans doute aussi avec la longueur des évasemens eux-mêmes,
qui ont 6 centimètres dans les grilles en bois et moins de 2
centimètres dans celles en fer.

D'ailleurs, ce plus grand débit nous semblerait même tout-à-
fait prouvé par les expériences de Bernouilly, de Venturi et
d'Etelwein, desquelles il résulte que les ajutages évasés à leurs
embouchures intérieures et extérieures, offrent un débit qui peut
souvent être de moitié en sus de celui donné par la théorie. Les
mêmes lois naturelles s'appliquent ici et déterminent le plus
grand débit dont nous avons parlé. Nous ne proposerons pas,
toutefois, de diminuer la dimension des grilles, parce qu'il
arrive trop souvent que des feuilles ou des obstacles de toute
nature viennent à les obstruer et diminuent ainsi beaucoup leur
débit.

§ IX. — *Dimensions du canal vertical de trop-plein.*

Ce canal, qui prend la place de celui qui précède, devant
trouver place dans le puits dont les dimensions ne peuvent
s'augmenter beaucoup sans inconvénient, ne doit se construire
que dans les étangs dont les grandes eaux s'élèvent au plus
à 300 litres par seconde. Ses dimensions peuvent se prendre
dans le tableau qui précède, parce que l'écoulement se fait,
comme dans le cas précédent, par déversoir au-dessus du bord
supérieur. Il faut donc que ce canal ait au moins, pour largeur,
l'espace vide de la grille, tel qu'il est déterminé par le tableau,
et, pour hauteur, l'épaisseur au moins que nous avons supposée
à la lame d'eau dans les grandes affluences sur le déversoir de la
daraise, et même plutôt 45 centimètres que 40.

Mais ce canal doit avoir son embouchure inférieure dans
celui de vidange, et il ne doit pas dépasser ses dimensions ;
il devient donc nécessaire, pour l'y amener, de lui donner
la forme pyramidale ; et comme la vitesse de l'eau, par une
chûte de 2 à 3 mètres de hauteur, devient presque triple de

celle d'introduction, la diminution de dimension est sans inconvénient, et l'eau introduite se débite sans difficulté.

Ce moyen d'évacuation offre toute sécurité, parce que l'eau, avant d'arriver au canal, doit passer par la portion du canal de vidange, placée dans l'étang, et remonter dans le puits; elle ne contient donc rien qui puisse faire obstacle à son écoulement; cependant, si le canal horizontal qui conduit l'eau au puits n'est pas grillé, le canal vertical doit être muni, sur son banc-gravier supérieur, d'une petite grille en fil de fer, de 2 millimètres d'échantillon au plus, pour empêcher le poisson de s'échapper.

§ X. — *Des moyens d'empêcher les fuites d'eau.*

Lorsque l'eau coule à travers la chaussée par des infiltrations, le moyen d'y obvier consiste à refaire la clave vis-à-vis des points où elles ont lieu. On la rétablit avec la même précaution qu'on a mise à la construire, et on a soin, de plus, de lier les parties nouvelles aux parties anciennes, tant dans le fond que sur les côtés, en battant et *pisant* ensemble leur point de contact. Lorsque les infiltrations sont nombreuses, on la refait sur toute la longueur où elles se montrent. Lorsque l'eau coule par le canal d'évacuation, ou autour, on fait, derrière la chaussée, avec des fascines et de la terre, une digue circulaire qui s'y rattache et enveloppe l'embouchure du canal. On monte cette digue jusqu'au niveau de la chaussée, en battant la terre aussi rapidement qu'on le peut, afin de ne point se laisser gagner par l'eau. Si la fuite était assez forte pour rendre trop difficile la construction, on peut mettre dans la digue un tuyau en bois pour donner passage à l'eau, et quand elle est construite, on bouche ce tuyau par un tampon. Si on n'a pas de tuyau, que la fuite soit trop considérable, et qu'elle ait lieu par le canal d'évacuation, on fait dans la chaussée, derrière la clave, vis-à-vis du thou, un fossé perpendiculaire au canal; et lorsque le fossé arrive au canal, on enlève un ou deux des plateaux de recouvrement: on place en travers, dans son intérieur, l'un des plateaux qu'on garnit, autant que possible, de terre et de mousse; puis, avec autant de promptitude qu'on le peut, ou remplit le canal et l'excavation faite dans la chaussée de terres argileuses qu'on corroie à mesure qu'on les jette, afin de remplir l'excavation faite; par ce moyen, l'eau se trouve tout-à-fait ou en plus grande partie tarie. Si le canal, au lieu d'être en bois, était en pierre, on enfoncerait la voûte ou on lèverait une des dalles qui le recouvrent, pour faire la même opération. Si le passage de l'eau était à côté du canal, lorsqu'on y arriverait, on y jetterait promptement de la terre préparée bien battue et mouillée, avec laquelle on remplirait aussi le fossé. Enfin, si la fuite avait lieu sous le canal, on n'aurait pas d'autre moyen que le premier que nous avons indiqué, d'arrêter les eaux par une digue circulaire derrière la chaussée.

Il pourrait être très-utile, contre les chances de grands accidens, qu'une portion de la chaussée prise à l'une de ses extrémités, bien gazonnée et d'une vingtaine de pieds de large, fût tenue 6 pouces plus bas que tout le reste; on la garnirait du côté de l'étang d'une claie (à claire-voie) qui permettrait le débit de l'eau et défendrait le passage du poisson. Les grandes eaux sont la circonstance la plus à craindre pour les étangs; quand la chaussée est surmontée, le poisson s'entraine, la chaussée se détruit en plusieurs points, et si les étangs renferment un grand volume d'eau, tous les fonds inférieurs sont submergés et entrainés; on ne saurait donc prendre trop de précautions contre de pareils accidens.

C'est, le plus souvent, au défaut de bonnes grilles qu'il faut attribuer la rareté des brochets qu'on rencontre dans beaucoup de pêches. Le brochet est l'espèce de poisson qui s'échappe le plus facilement par les moindres ouvertures, surtout aux époques du frai. Le peu de solidité et de durée des grilles en bois est cause que beaucoup d'étangs en sont privés à l'entrée et à la sortie; on les supplée mal par des fascinages auxquels on donne le nom de *fagotées,* qui ne permettent qu'un débit très-lent aux eaux et causent par-là de fréquens accidens que préviendraient les grilles en fer que nous avons proposées.

§ XI. — *Rivière de ceinture.*

Mais il est un moyen d'assurer le produit de l'étang en eau
et en assec, et qu'on ne doit pas négliger lorsque cela est possible. Ce moyen consiste à faire passer les eaux qui affluent à
l'étang, quand il est plein, dans un fossé appelé *rivière de
ceinture,* qui en contourne les bords. Ce fossé offre le grand
avantage de débiter sans grille et sans obstacle une bonne partie
des eaux dans les cas d'inondation, et surtout lorsque l'étang
est en assec; il est encore très-utile dans les temps ordinaires
lorsque l'étang est en eau. Il est de remarque que le poisson
se nourrit mieux et grossit d'avantage quand l'étang est plein
et que de nouvelles eaux ne viennent pas s'y mêler encore. Ce
fait, admis par tous les praticiens, est tout-à-fait certain quoi-
qu'on l'explique peu; cependant on conçoit que les insectes et
peut-être les végétations qui nourrissent le poisson peuvent se
multiplier plus facilement dans des eaux tranquilles que dans
celles renouvelées et agitées sans cesse par de nouveaux affluens.

Toutefois, nous devons dire que les rivières de ceinture, avec
tous leurs avantages, offrent un grand inconvénient; dans la
retraite des eaux, les bords marécageux de l'étang, dont les
effluves sont funestes aux habitans du pays, grandissent chaque
jour par l'effet de l'évaporation, de l'infiltration et des chaleurs
de l'été; l'étang ne retrouve des eaux que dans celles des pluies
qui tombent immédiatement sur sa surface. Dans les étangs sans
rivière de ceinture, au contraire, l'étang reçoit en outre toutes
les eaux de son bassin; le marais des bords se recouvre en
partie, et en diminuant d'étendue devient moins dangereux
pour la contrée.

CHAPITRE VII.

DÉPENSE DE CONSTRUCTION D'UN ÉTANG.

La dépense de construction d'un étang est très-variable. Nous allons prendre un cas simple et qui pourra servir à remonter à d'autres plus complexes. Supposons un bassin favorable et tel qu'en le barrant par une seule chaussée transversale, on puisse couvrir d'eau une surface de 10 hectares; en admettant que l'étang ait une fois plus de longueur que de largeur, la chaussée aura 3 ou 400 mètres, soit 350 mètres de longueur. Si le terrain a, depuis l'entrée de l'eau, ou la *queue*, jusqu'au point le plus bas vers le milieu de la chaussée, 3 mètres de pente, l'étang aura 3 mètres de profondeur, et la chaussée 3 mètres 50 centimètres de hauteur; la base inférieure vers le thou sera de 10 mètres, soit plus convenablement encore de 12; la base supérieure aura 3 à 4 mètres, et plus encore si un chemin y passe. Or le cube de cette chaussée, en supposant la pente uniforme, est de plus de 100 mille pieds ou 3,700 mètres cubes, parce que le fond du bassin a toujours une partie peu pentueuse qui nécessite une chaussée élevée sur une assez grande étendue.

La construction à forfait des chaussées se conclut de deux manières différentes. La première consiste à payer au déblai 15 centimes en moyenne par toise carrée de 7 pieds et demi de côté sur une pointe de pelle de 4 pouces de profondeur. Ce prix porte la toise cube à 3 francs 50 centimes environ, ou le mètre à 25 centimes, prix sans doute peu élevé pour le mètre cube de terre qu'on doit charrier à quelque distance avec la brouette, bien travailler dans la clave, conduire et régaler sur tout le reste de la chaussée. Mais dans cette manière d'apprécier le travail, on trouve souvent des ouvriers peu consciencieux qui prennent leurs *témoins* de déblai dans les endroits les plus hauts et savent au besoin les surcharger. Pour n'être pas trompé et n'avoir point de difficultés, il est préférable de payer au remblai de 4 à 5 francs la toise cube, de 30 à 35 centimes le mètre cube. La chaussée reviendra, à ce prix, à 1,200 francs. Le pionnier aura fait en même temps la pêcherie et une petite partie du bief dont il a conduit les terres sur la chaussée. Ce bief et la rivière de ceinture auront 600 mètres au moins de longueur, chacun ; la rivière de ceinture de 1 mètre 50 centimètres à 2 mètres de largeur sur 1 mètre de profondeur, dont les déblais se placent sur le bord du côté de l'étang, peut valoir 75 centimes la toise, ou 30 centimes le mètre courant : en tout, le bief et la rivière coûteront 400 francs, en comptant le creusement de la vidange au-delà de la chaussée et de la rivière de trop-plein après la grille. Ajoutant à cela 400 francs pour le thou et le canal de décharge que nous supposons simple, puis 200 francs pour la grille d'introduction des eaux et pour celle de trop-plein, nous aurons en moyenne 2,200 francs pour la construction d'un étang de 10 hectares en position favorable, soit 220 francs par hectare. Mais plus de la moitié des étangs ne sont pas en aussi bonne position. Un assez grand nombre, surtout ceux où l'on est obligé de faire un ou plusieurs *chaussons* ou chaussées latérales, ou plusieurs thous, peuvent bien coûter le double. Il y en a, en outre, une quantité de petits dont la dépense par hectare devient beaucoup plus forte, en sorte qu'on n'exagérerait rien en disant que, pour construire les 20,000 hectares d'étangs qui sont dans le département de l'Ain, il faudrait dépenser au moins moitié en sus de notre évaluation, ou 300 francs par hectare ; ce qui porterait la dépense totale à 6 millions.

CHAPITRE VIII.

DE L'EMPOISSONNEMENT.

On emploie dans les étangs trois espèces principales de poissons ; la carpe , le brochet et la tanche.

§ I. — *La carpe*.

La carpe est regardée comme le produit principal. Ce n'est qu'à l'âge de trois ans au plus tôt qu'on l'emploie à la consommation. Elle pèse alors un peu plus ou un peu moins d'une livre ; un an plus tard , elle pèse une livre et demie en moyenne ; elle a plus de chair et de graisse, et elle est de meilleur goût. Elle peut arriver à une grosseur beaucoup plus considérable , mais elle croît d'autant moins vite qu'elle est plus âgée et qu'elle est déjà d'une certaine grosseur. Elle surcharge alors beaucoup les fonds dans lesquels on la nourrit. Quelques praticiens estiment qu'une carpe au-dessus de six livres charge autant un fonds qu'un cent d'empoissonnage ; en sorte qu'une carpe de douze livres, qui mettra dix ans à arriver à ce poids, aura fait perdre au revenu du fonds cinq à six fois sa valeur, alors même qu'on l'évaluerait à six francs le kilogramme.

Les moyens de multiplication de la carpe sont immenses ; une carpe femelle pond, chaque année, depuis 24 mille jusqu'à 600 mille œufs. Si on la laisse sans brochets, elle s'épuise à poser, ne grossit pas, et l'étang est inondé de feuilles et d'empoissonnages qui se nuisent réciproquement. Les œufs, déposés sur le bord des étangs , sont fécondés par la carpe mâle qui les serre sous son ventre, d'où la pression fait sortir la liqueur séminale que contiennent les laitances.

Le frai des carpes a lieu deux fois par an , en mai et août. A cette époque, ce poisson est molasse et d'un goût peu agréable.

Il est généralement meilleur lorsque l'étang renferme du brochet qui l'empêche de se livrer tranquillement à la pose.

La carpe n'a quelquefois point de sexe; elle porte alors le nom de *carpeau*. Les carpeaux sont beaucoup estimés par les gourmets. On croit qu'ils appartiennent au sexe mâle, et que quelque circonstance a détruit leurs organes sexuels.

Les Anglais ont essayé de faire des carpeaux et ils y ont réussi. On a soumis aussi à la même opération les tanches, les brochets et les perches. Dans cet état, le poisson s'engraisse facilement, croit beaucoup plus vite et il est de meilleur goût. Nous ignorons si cette industrie est arrivée jusqu'en France. Rozier se récrie beaucoup contre cette cruauté; mais la plupart des animaux destinés à la consommation de l'homme sont traités de même par lui, et s'il fallait mesurer la pitié qu'il leur doit en raison de l'utilité et de l'intelligence, certes, la carpe en mériterait moins qu'aucun autre. Mais, sans recourir à cette opération, il paraît que la séparation des sexes suffit seule pour avoir, en moins de temps, des produits plus forts et de meilleure qualité que ceux ordinaires; nous reviendrons plus tard sur ce sujet.

§ II. — *Le brochet.*

Le brochet tient le second rang parmi les poissons que l'industrie de l'homme élève pour sa consommation. Pendant que la carpe semble ne vivre que de petits insectes ou de produits à peine apercevables du sol dans lequel elle fouille pour prendre sa nourriture, le brochet ne vit que de poissons et s'attaque à toutes les espèces, à la sienne même lorsque les autres lui manquent. Le brochet d'une livre qu'on mettrait avant l'hiver dans un étang renfermant beaucoup de petits poissons, surtout de tanches, peut croître dans l'été souvent d'une livre par mois. Lorsqu'il a acquis une certaine grosseur (6 livres, par exemple,) il met plus de temps, avec une plus grande quantité de nourriture, pour arriver à 10 livres, qu'il n'en a mis pour en atteindre 6; on n'a donc pas intérêt à chercher à faire de grossses pièces, d'autant mieux qu'elles ne se vendent pas plus cher le kilogramme que les moyennes. On a, il est vrai, souvent ces grosses pièces sans le vouloir, mais c'est aux dépens des tanches de la pêche. Or, la livre de tanches se vend presque aussi cher que celle du brochet, et il en faut au moins huit à dix pour en faire une de ce poisson vorace.

Le brochet fraye en février et juin; il perd dans ce moment beaucoup de sa qualité et devient maigre; il faut alors prendre beaucoup de soin pour l'empêcher de s'échapper de l'étang, parce qu'il remonte par tous les fossés où il rencontre de l'eau.

La séparation des sexes dans cette espèce paraîtrait devoir offrir beaucoup d'avantages : M. Vaulpré, médecin instruit et agronome habile, a fait sur ce sujet des expériences qui paraissent très-concluantes. Il a placé dans un étang des brochetons mâles, et dans un autre des brochetons de sexe mélangés. Les premiers, un an après, ont produit un poids cinquante fois plus considérable, pendant que les seconds n'ont pris que l'accroissement ordinaire de dix pour un. Le brochet peut donc être un produit très-avantageux, d'autant mieux que son prix est souvent triple de celui de la carpe; mais pour qu'il soit profitable de le produire, il est nécessaire qu'il ne consomme que du poisson de peu de valeur et dont l'existence serait plutôt nuisible qu'utile au produit général de l'étang; autrement la perte serait grande pour le producteur, parce que le poids du brochet consommateur ne reproduit pas le dixième de celui du poisson consommé.

§ III. — *La tanche.*

La tanche est comme la carpe un poisson du genre des cyprins, et sa reproduction a beaucoup exercé les naturalistes. Cependant on a fini par s'assurer qu'aux époques du frai, au mois de juin et de septembre, elle a comme la carpe des œufs et des laitances qui disparaissent ensuite, et comme elle, dans ce moment, elle s'agite et maigrit beaucoup.

Le brochet en est particulièrement friand; il la poursuit à outrance, mais elle lui échappe en s'embourbant dans la vase.

Quand elle est grasse, elle est très-recherchée des consommateurs. Son poids moyen est d'une demi-livre; assez rarement
elle pèse davantage; cependant dans quelques cas particuliers
ce poids peut aller jusqu'à dix livres.

§ IV. — *Autres poissons d'étangs.*

Après les trois espèces de poissons dont nous venons de parler,
quelques propriétaires admettent la perche qui est omnivore et
très-vorace, détruit le frai et les petits individus des autres espèces, et consomme dans l'étang une grande partie de ce qui sert
à leur nourriture. Quand ce poisson y est un peu nombreux, on
dit qu'il brûle l'étang; aussi par cette raison les éleveurs le
rejettent quand ils en sont les maîtres. En Dombes surtout, on
ne le trouve guère que dans les étangs formés par des cours
d'eau, ou dans ceux où la malveillance l'introduit quelquefois.
Le brochet ne peut presque pas l'atteindre; ses nageoires sont
armées de pointes qu'il hérisse quand il se sent attaqué, et qui
blessent cruellement la gueule armée de son ennemi, forcé
bientôt de lâcher prise. La perche est très-délicate, on la regarde
comme supérieure aux espèces qui précèdent. Avant la révolution, les fermiers de Dombes élevaient des perches jusqu'au
poids de deux livres, qu'ils joignaient aux carpeaux de douze à
quinze, pour présens à leurs propriétaires.

Il parait que dans quelques pays d'étangs, on cherche aussi
à élever l'anguille; mais elle perce les chaussées, s'écarte dans
les prairies qui bordent les étangs, et lors de la pêche on n'en
retrouve presque plus; on semble donc y avoir généralement
renoncé.

On a dans les Vosges des étangs où l'on élève des truites; ils
sont placés sur des sources d'eau vive, dont l'eau est retenue
par des chaussées comme dans les pays de plaine.

CHAPITRE IX.

ASSOLEMENT DES ÉTANGS.

Les principes de l'assolement des étangs sont les mêmes que ceux des terres en labour ; la nature demande à varier ses produits, et le sol, soit qu'il produise par l'effet de la végétation spontanée, ou de la végétation artificielle dirigée par la main de l'homme, se repose en produisant des végétaux de familles diverses. Ce principe s'étend à tous les produits naturels, aussi bien aux produits animaux qu'aux produits végétaux.

Dans la culture des étangs, la terre couverte d'eau nourrit avec avantage et fait assez bien croître le poisson pendant les deux ou trois premières années. Cependant dans le Forez on estime que déjà la seconde pêche à un an vaut un huitième ou un dixième de moins que la première. Ainsi, la culture en eau prolongée diminue de produit; si au lieu de continuer l'inondation on laboure l'étang, le sol, fécondé par les déjections des poissons, donne sans autre engrais une récolte abondante, après laquelle le produit en poisson redevient de nouveau avantageux. Ce principe d'alternance a été rigoureusement appliqué aux étangs de Bresse et de Dombes qui sont dans ce pays d'un intérêt beaucoup plus grand que dans les autres, puisqu'ils y couvrent un sixième du sol, pendant qu'ailleurs ils en couvrent à peine un vingt-cinquième. En outre, en Dombes, ils appartiennent quelquefois à plusieurs propriétaires, et il arrive souvent que le sol en labour n'est pas au pouvoir du propriétaire du sol en poissons. C'est pour cela que des conditions régulières ont dû être et ont été établies, afin que les droits respectifs des propriétaires entre eux fussent réglés d'une manière plus précise. Nous allons parcourir rapidement les divers systèmes d'aménagement adoptés dans les principaux pays d'étangs; nous développerons ensuite avec plus d'étendue celui suivi dans l'Ain pour le comparer aux autres, et indiquer dans chacun d'eux ce qui nous semblera meilleur.

§ I. — *Assolement des étangs du plateau de la Loire.*

D'abord nous nous occuperons des étangs des plateaux étendus qui bordent la Loire; leur aménagement paraît à peu près le même dans toutes ces contrées. Les détails que donnent MM. de Marivaux, Rozier, Bosc, Froberville, d'Auteroche, n'annoncent pas de système général admis d'une manière absolue. Les étangs, dans presque tous les lieux dont ils ont voulu parler, sont à peu près toujours en eau; l'assolement par le labour est un souhait qu'ils forment assez généralement : Bosc l'indique comme pratiqué seulement en Allemagne, et le conseille pour les étangs de France. Les étangs des plateaux de la Loire sont donc, pour la plupart toujours en eau; on les fait cependant chômer à terme fixe pour les reposer, curer la pêcherie, les biefs, et réparer au besoin la chaussée et la bonde. Leur produit ordinaire, outre le poisson, consiste dans un fourrage de mauvaise qualité qu'on y fauche jusque dans l'eau, et dans le pâturage que les bestiaux y trouvent le reste de l'année.

Dans la Brenne, département de l'Indre, pays inondé à la gauche de la Loire, ce repos revient à peu près tous les onze ans; mais on ne laboure pas cette année le sol. Cette opération ne serait pas profitable, parce que le sol en étang non cultivé se trouve presque toujours infesté de plantes aquatiques, de roseaux, de carex qui s'élèvent souvent par cépées au-dessus du sol, et qui coûtent trop à détruire pour la culture en labour d'une seule année; et d'ailleurs le labour détruit le gazonnement qui, tel mauvais qu'il soit, donne cependant un pâturage et un fourrage devenus nécessaires aux bestiaux de la ferme.

L'éducation des poissons s'y fait dans trois sortes d'étangs; dans les plus petits on élève la *feuille*, dans les médiocres on la fait grossir pour en faire du *nourrain* ou *empoissonnage*, qu'on place dans les grands pour y faire du poisson de vente qu'on ne pêche qu'au bout de la seconde année.

L'empoissonnage d'un étang se compose de carpes, de tanches et de brochets. On trouve, comme nous l'avons dit, que les anguilles se perdent, et que la perche nuit beaucoup au-delà de ce que vaut son produit.

Cet assolement qui maintient les étangs toujours en eau, semble appartenir à la plus grande partie des étangs de France; mais il change pour ceux de l'Est, où il rentre dans les principes de la culture alterne.

§ II. — *Assolement des étangs du Forez.*

Dans le Forez, où la plaine de Montbrison renferme une quantité proportionnelle d'étangs beaucoup plus grande que la Sologne, ils sont alternativement en eau et en labourage. La culture en poisson dure deux à trois années, et celle à la charrue une, deux ou trois, suivant la nature du terrain. C'est dans les terres compactes que la culture en labour se prolonge le plus long-temps. Souvent la première année d'assec s'emploie tout entière à labourer le sol ; on fait la seconde une première récolte qui est suivie d'une autre la troisième. Dans les terrains légers on ne laisse guère que deux années en assec.

L'expérience semble avoir amené à pêcher tous les ans, au lieu de chaque seconde année; un produit plus fréquent et annuel convient mieux au cultivateur et surtout au fermier, qu'un produit qui se fait attendre.

La proportion de brochets qu'on met dans l'étang, n'est que moitié de celle ordinaire dans l'Ain. Peut-être cet usage a-t-il pris sa source dans l'habitude de pêcher à un an.

Dans Saône-et-Loire, on assole à peu près de la même manière que dans notre département les étangs des plaines. Ceux des montagnes du Charollais sont plutôt destinés à l'irrigation et à servir de réservoir aux moulins qu'à être pêchés; cependant le poisson y est d'excellente qualité, et il vaut au moins celui des rivières de la plaine.

Dans le Jura, l'assolement le plus ordinaire est, après le poisson, une année en avoine ou blé-noir pour les terres légères; dans les terrains argileux de bonne qualité, on laisse jusqu'à

6

trois ans en eau pour avoir ensuite deux récoltes successives et sans engrais, la première de maïs et la seconde de froment. On a généralement remarqué que le poisson profite mieux après une année de céréales qu'après une récolte sarclée.

§ III. — *Assolement des étangs de l'Ain.*

En principe général, les étangs y doivent être deux années en eau et une année en assec ; la plupart sont labourés chaque troisième année ; cependant dans les positions où l'on a de la peine à se défendre des eaux, ils restent en prés et se fauchent l'année d'assec. Le poisson y est moins productif, et si l'assec ne dure qu'un an, le fourrage y est de mauvaise qualité. Mais à la seconde année, le produit s'améliore ; aussi ces étangs, lorsqu'ils appartiennent à un seul propriétaire, ou qu'il peut y avoir accord entre eux, restent souvent deux années en assec.

Depuis quelques années, beaucoup de fermiers préfèrent la pêche à un an à celle à deux ans. C'est une question grave, et les deux opinions s'appuient d'assez fortes raisons. Voyons d'abord celles sur lesquelles se fonde l'usage légal et ancien de la pêche à deux ans.

La première année, il faut quarante à cinquante feuilles pour peser une livre ; la seconde, trois ou quatre arrivent à ce poids et forment l'empoissonnage ; la troisième, la carpe pèse, en moyenne, une livre dans la pêche à un an ; la quatrième, une livre et demie dans la pêche à deux ans. Ces poids sont ceux de carpes d'étangs médiocres ; dans les meilleurs, le produit est plus fort, mais conserve toujours à-peu-près le même rapport ; la carpe décuple donc la seconde année, quintuple la troisième et grossit seulement de moitié en sus la quatrième, ce qui semblerait donner beaucoup de désavantage à la pêche à deux ans. Mais comme dans un étang qu'on pêche à deux ans, on met un nombre moitié en sus d'empoissonnage, il en résulte que, déduction faite de l'empoissonnage des deux pêches à un an, au moins double pour chaque année en poids et en prix de celui de la pêche à deux ans, cette dernière produirait à-peu-près autant de valeur en poisson que deux pêches à un an ; d'ailleurs on n'a à faire qu'une seule fois en deux ans les frais d'empoissonnage et de pêche. En outre, la première année, le poisson prend de la taille et du volume ; la seconde, il se met en chair et devient de meilleure qualité. De plus, la pêche à un an donne assez peu de brochets, pendant que celle à deux ans peut en fournir beaucoup. Enfin, au bout de deux ans de poisson, dans la plupart des étangs, la récolte d'avoine est meilleure.

Mais, d'un autre côté, le fermier a besoin tous les ans de son argent, et il peut y rentrer chaque année avec la pêche à un an. Le poisson est moins beau, mais il a de l'apparence et, à la pièce, il se vend presque aussi bien. On recueille moins de brochets, mais le succès en est toujours chanceux, et a souvent lieu aux dépens des autres poissons.

Enfin, pour dernière et plus forte raison, la pêche à un an donne une année d'avoine sur deux, pendant que celle à deux ans n'en donne qu'une sur trois ; et l'avoine dont on fait ainsi trois récoltes en six ans au lieu de deux, est le produit principal de l'étang. La vente en est prompte, facile, avantageuse, et la paille fournit à la ferme de la nourriture de bestiaux et de l'engrais : les raisons sont donc puissantes des deux parts. Nous nous garderons de vouloir décider d'une manière absolue cette question qui peut et doit recevoir des solutions diverses dans des positions et des circonstances différentes ; l'essentiel est que chacun les sache bien apprécier. Ainsi, dans un sol argileux et maigre, le terrain se tasse pendant les deux années d'eau, tellement que le produit de la seconde année en poisson est faible, et que la récolte d'avoine, à la troisième année, est moins productive qu'à la seconde, parce que le sol, rendu plus compacte par le séjour de l'eau pendant deux ans, ne peut, malgé un bon labour et des hersages répétés, s'ameublir assez pour produire une bonne récolte. En général cependant, la plupart de ceux qui pêchent à deux ans sont des propriétaires, comme la plupart de ceux qui pêchent à un an sont des fermiers.

Il est très-utile de faire communiquer ensemble les divers étangs qu'on possède. Par ce moyen, on peut donner de l'eau à ceux qui en manquent, et remplir à volonté ceux qu'on veut empoissonner. Lorsqu'ils sont nombreux, le but est plus aisément atteint, parce que leur distance est moindre et que les fossés de communication sont plus courts; l'opération est fort simple lorsqu'ils sont situés dans un même vallon; dans le cas contraire, le niveau apprend ce qui peut se faire. M. Greppoz le père, dont la Dombes conserve l'honorable souvenir, avait fait par ce moyen communiquer le plus grand nombre des trente-six étangs de sa propriété du Montellier; il avait ainsi facilité leur aménagement et amélioré leur produit. Son fils en recueille l'avantage et marche dignement sur ses traces en se dévouant tout entier aux améliorations de toute espèce dans les circonstances nouvelles où il se trouve, circonstances dues à l'amendement de la chaux. De concert avec d'honorables propriétaires, il a pris pour but principal de ses travaux l'assainissement du pays, et dessèche ses étangs, dont il tire par le labour et la chaux un plus grand produit que lorsqu'ils étaient en eau.

On a encore trouvé de l'avantage à partager les grands étangs par des chaussées. Leur produit est meilleur, leur pêche plus facile, et l'étang supérieur prend une plus grande quantité d'eau. M. Périer a ainsi divisé l'étang Turlet en deux autres qui ont très-sensiblement augmenté son produit net.

Cette conduite des étangs paraît être restée inconnue à nos principaux écrivains agronomiques. Ceux qui s'en sont spécialement occupés, entre autres Rozier et Bosc, semblent avoir ignoré leur alternance en eau et en culture. Ils n'ont vu que les étangs de la Sologne; cela étonne, surtout de la part de Rozier qui a long-temps habité Lyon qui touche immédiatement aux étangs de Dombes. Depuis peu nos journaux agronomiques nous ont donné à diverses reprises des articles où on décrit et exalte beaucoup l'aménagement des étangs en Allemagne : on le conseille pour la France comme une nouveauté heureuse à y introduire, et cet aménagement est le même que celui de l'Ain et de la Haute-Loire.

CHAPITRE X.

ÉDUCATION DU POISSON.

Les poissons d'étangs ne se consomment guère qu'à l'âge de trois ou quatre ans. Il serait très-difficile et peu profitable d'élever ces différens âges ensemble et dans les mêmes eaux. Par cette raison, partout où les étangs un peu nombreux ont été assujettis à un aménagement régulier, on a, nous l'avons dit, trois ou au moins deux espèces d'étangs ; ceux pour produire la pose ou *feuille*, ceux dans lesquels elle grossit pour devenir empoissonnage, et enfin ceux où l'empoissonnage grossit pour la consommation.

§ I. — *Etangs pour la pose.*

On emploie les plus petits étangs à la production de la feuille ; il est bon qu'ils soient peu profonds, à l'abri des vents, et qu'ils ne renferment pas de vase. Il est surtout nécessaire que les brochets ne puissent en aucune manière s'y introduire. On y met en carpes, dont un tiers de femelles et deux tiers de mâles, du sixième au quart du nombre nécessaire à empoissonner l'étang en pêche réglée. On ne met de tanches grasses et en bon état, que le quart du nombre des carpes ; ni l'une ni l'autre espèce d'empoissonnage n'a besoin d'être en forts individus. On a remarqué que la pose était plus abondante lorsque le nombre des mâles était double de celui des femelles. Les laites et les œufs désignent très-bien le sexe dans les carpes.

Au bout de l'année, on pêche une grande quantité de feuilles dont la grosseur est inégale, parce que les unes appartiennent à la pose du printemps, et les autres à celle de la fin de l'été. Les carpes et les tanches qu'on a mises au commencement de l'année, s'épuisant à la pose, sont restées maigres et ont peu profité.

On sépare la *feuille* des tanches de celle des carpes ; cette dernière se vend au cent, et celle de tanches au poids. Pour les compter sans les fatiguer, parce qu'elles craignent beaucoup la main de l'homme, on en remplit un petit vase dont on compte les individus, et le reste s'apprécie en le mesurant par vase plein.

Dans le Forez, on emploie pour la pose des carpes qui ont cessé de profiter depuis quelque temps et qui viennent des étangs trop chargés, de ceux où l'eau a manqué, ou de ceux où le défaut de brochets a laissé la carpe s'épuiser à la pose. On regarde ce poisson comme plus productif de *feuilles*.

Le cent de *feuilles* et d'*empoissonnage* dans l'Ain est de 80 paires ou de 160 têtes ; dans la Brenne, il est de 70 paires ou de 140 têtes ; dans la Bresse châlonaise de Saône-et-Loire, il est de 64 paires ou de 128 têtes. Il est vraisemblable que dans cette manière de compter, on a grossi le cent de toute la perte probable du poisson pendant l'année ; on en concluerait, par conséquent, qu'elle est plus grande dans le département de l'Ain qu'ailleurs.

§ II. — *Etangs pour l'empoissonnage.*

La *feuille* se place dans un étang de moyenne grandeur ; on y en met de 500 à un millier par cent du poisson qu'on met dans l'étang en pêche réglée. On y met aussi de 15 à 20 livres de tanches par millier de feuilles de carpes. Ces étangs s'empoissonnent avant l'hiver. La feuille qu'on sort d'un étang où elle est entassée, profite un peu pendant le cours de la saison froide. L'empoissonnage sera d'autant plus beau à la pêche qu'on y aura moins mis de *feuilles* d'août et plus de celles de mai. Pour empêcher cet *empoissonnage* de s'épuiser à la pose, qui surchargerait l'étang en *feuilles* inutiles, on met au mois de mai 16 à 20 brochetons, de la grosseur du doigt, par millier de *feuilles ;* on a par ce moyen, au bout de l'année, des brochets de 2 à 3 livres, très-gras et très-délicats ; de plus l'empoissonnage est en meilleur état et a grossi davantage. On le trouve à la pêche de trois sortes ; la *feuille,* produite par la pose du mois de mai de l'année

précédente, donne la première et la plus belle; la seconde, de
4 et demi à 6 pouces entre tête et queue, fournit l'empoissonnage
à un an; la pose du mois d'août donne l'empoissonnage à deux
ans, de 3 à 4 pouces et demi entre tête et queue. Ceux au-dessous
prennent le nom de *carnaussiers*, et sont employés à faire la
feuille ou à nourrir les brochets.

Dans le Forez, on charge un peu moins les étangs d'empoissonnage; les pêches à un an ont prévalu, et c'est la raison pour
laquelle on cherche à se faire de plus forts *nourrains*. Pour avoir
du poisson d'une livre et demie au bout de l'année, on prend
le nourrain du poids d'une demi-livre; et pour les carpes d'une
livre et quart, on le prend de trois à quatre à la livre. On a
encore remarqué que lorsque le nourrain est d'une demi-livre,
la pêche est plus égale qu'avec celui de trois quarts.

Nous avons dit que, dans le Forez, un même étang servait
souvent à faire à la fois la *feuille* et l'*empoissonnage*. Pour cela,
avec un millier en moyenne de têtes de *feuilles* par hectare, on
met six à huit têtes de carpes d'une livre, tant mâles que femelles, prises parmi les moins belles et les plus vieilles. Au bout
de l'année, l'étang donne de l'empoissonnage de six à huit onces
par tête, et une grande quantité de feuilles; de plus, les carpes
se sont refaites d'une manière remarquable. Ce procédé ne
donne, il est vrai, point de brochets, mais il est très-commode
pour ceux qui ont peu d'étangs, et qui ne veulent acheter ni
feuilles, ni empoissonnage, qui sont souvent très-chers.

C'est le cas de faire ici une observation qui ne nous semble
pas sans importance. La Dombes, dont les principes d'assolement
et plusieurs pratiques d'aménagement des étangs sont partout
à imiter, a néanmoins une excellente leçon à prendre dans le
Forez, pour la manière d'empoissonner en carpes pour la pêche
d'un an. Nous ne pensons pas que le sol du Forez soit supérieur
à celui de Dombes, puisque le produit en labour dans ce dernier
pays est plus fort. Comment se fait-il donc que le produit en
poisson y soit très-inférieur, malgré que les pluies annuelles y
soient plus considérables? Dans le Forez, les pêches à un an
donnent, sur la rive gauche de la Loire, de la carpe de trois

livres la paire, avec un empoissonnage d'une demi-livre, et sur la rive droite, le poids est de deux livres et demi, avec de l'empoissonnage de trois à quatre à la livre. En Dombes, avec de l'empoissonnage de quatre à cinq à la livre, on a en moyenne des carpes de deux livres la paire, pendant qu'avec de l'empoissonnage d'une demi-livre, il est très-probable qu'on atteindrait le poids moyen du Forez, trois livres la paire. En Dombes, un quintal d'empoissonnage en reproduit quatre en poissons de vente. Dans le Forez, et sur la même étendue, deux quintaux en reproduisent six, et d'un poisson qui vaut sur les marchés un quart au moins de plus. En ôtant de part et d'autre la valeur de l'empoissonnage celle nette de la pêche avec le fort empoissonnage, est de moitié en sus. Aussi répète-t-on plus souvent en Forez les années de pêche qu'en Dombes, parce que la manière d'empoissonner y donne un produit plus considérable. On aurait donc, à ce qu'il semble, tout avantage dans cette dernière contrée à imiter la pratique de la première.

Dans la Brenne, les étangs d'empoissonnage reçoivent par hectare un millier de têtes de feuilles qu'on transporte, ainsi que l'empoissonnage ou *nourrain,* à dos de cheval, dans des paniers appelées *manequins.* Ce *nourrain* est *marchand* lorsque le poissonnier, ayant la main fermée, la tête et la queue dépassent son poignet. Cette taille correspond à 4 à 5 pouces au moins; leur empoissonnage à deux ans est donc à peu près aussi beau que le nôtre à un an, ce qui confirme de plus fort la remarque précédente, que nos produits en poissons seraient meilleurs avec de plus forts empoissonnages.

§ III. — *Etangs pour les poissons de vente.*

Nous avons vu précédemment que l'assolement régulier dans le département de l'Ain était deux ans en eau et un an en assec. Cependant, sur beaucoup de points, comme le produit en avoine est plus considérable que celui en poisson, on assole les étangs une année en eau et une année en culture. Il est certain qu'il en existe dans lesquels cet assolement est profitable, mais peut-être ne l'applique-t-on pas toujours à propos; il est un peu plus commode pour des fermiers qui, sans avoir un grand nombre d'étangs, peuvent par ce moyen vendre tous les ans du poisson et de l'avoine. Et puis ce poisson d'un an paraît souvent presque aussi gros que celui de deux ans, et les marchands détaillans le vendent à peu près aussi cher, parce qu'ils l'achètent au poids et le revendent à la main. On a peu de brochets dans ces pêches; alors même qu'on ne les met qu'au mois de mai, ils mangent le frai avant que l'œuf soit développé et pendant qu'il est encore au *chapelet;* ils se jettent sur l'empoissonnage, particulièrement sur les tanches, et s'épuisent à poser eux-mêmes, en sorte que lors de la pêche le brochet est petit. Mais entrons dans la conduite à tenir et les règles à suivre dans les divers systèmes d'empoissonnage des étangs.

§ IV. — *Pêche à deux ans.*

On doit retenir les eaux dans l'étang aussitôt après l'enlèvement de la récolte, et empoissonner le plus tôt possible, afin que le poisson puisse se reposer des fatigues du transport pendant l'hiver, et soit disposé à commencer à travailler dès le premier printemps. Le poisson, pendant les premiers mois qu'il passe dans un étang, s'occupe à le parcourir, à le reconnaître sur tous les points et croît peu. Il vaut beaucoup mieux qu'il emploie à cela un mois d'hiver qu'un mois de printemps qui serait perdu pour sa croissance; d'ailleurs nous pensons que pendant l'hiver il profite peu. Il paraît que dans les grands froids il se groupe et reste en place sans mouvement, jusqu'à ce que les temps doux du printemps viennent le sortir de son état de torpeur.

Nous avons dit que l'empoissonnage de carpes à deux ans, devait avoir de 3 et demi à 4 pouces et demi; il est convenable, pour toute espèce de pêche et de poisson, qu'il soit égal autant que possible, parce qu'autrement, carpes, tanches ou brochets, les plus gros vivent aux dépens des petits; et à la pêche on a quelques belles pièces, mais le plus grand nombre est resté faible, et le produit total est moindre que si on n'eût employé que de petit empoissonnage. La quantité d'empoissonnage se règle suivant la qualité des fonds. On met dans les meilleurs environ un cent d'empoissonnage ou 80 paires de carpes, pour 10 coupées inondées, soit deux tiers d'hectare; dans les fonds moindres, un cent pour 15 coupées ou un hectare, et dans les mauvais, un cent pour 20 coupées ou un hectare un tiers. En traduisant en hectare et en cent effectif d'empoissonnage, on a 240 têtes par hectare dans les bons fonds, 160 dans les médiocres, et 130 dans les mauvais. On met par cent d'empoissonnage, de 15 à 20 livres de tanches, suivant la nature du fonds, et 10 brochets, ce qui fait une livre de tanches pour 6 têtes de carpes, et un brochet pour 16.

On préfère généralement ne mettre le brochet qu'au bout de la première année. Au mois d'octobre, on jette l'épervier pour reconnaître si la carpe a posé. Pour attirer le poisson, dès la pointe du jour on a dû amorcer en jetant dans les endroits profonds, à des distances de 40 à 50 pas, des poignées d'orge, d'avoine, de seigle ou de blé noir, cuits avec une tête d'ail. Une heure après on jette le filet; s'il ramène peu de *feuilles*, on met par cent de carpes 10 brochets du poids d'une livre en moyenne. Si la carpe a beaucoup posé, on peut en mettre depuis 15 jusqu'à 30 têtes.

Les quantités relatives des trois espèces de poissons se modifient aussi suivant la nature du fonds. Dans les sols légers non vaseux, auxquels on donne le nom d'*étangs blancs*, la carpe et le brochet réussissent bien. On peut en augmenter la quantité, en diminuant celle des tanches. Il arrive souvent, dans ces étangs, que ces dernières reproduisent à la pêche à peine ce qu'elles ont coûté d'empoissonnage, parce qu'elles y ont peu profité et qu'elles n'ont pu se mettre dans la bourbe à l'abri de la voracité du brochet. Dans les étangs vaseux, au contraire, dont le sol est compacte, elle arrive souvent au produit de dix pour un; elle doit donc y être mise en plus forte quantité.

Dans le Forez, on charge un peu plus en empoissonnage, quoique les pêches y soient généralement à un an. On met 250 à 300 têtes de carpes par hectare, 120 à 150 tanches, et 10 brochets; toutefois, on fait varier cette moyenne suivant la qualité du sol.

Nous devons ces détails sur les étangs du Forez, à M. Durand, vice-président du tribunal et membre de la Société d'agriculture de Montbrison, qui a fait un fort bon écrit sur ce sujet.

Dans la Brenne, la proportion de l'empoissonnage est beaucoup moindre; M. de Marivaux, auteur d'un bon mémoire sur les étangs de ce pays, évalue de 9 à 1,100 têtes de carpes, 20 à 25 brochets, et 50 tanches, l'empoissonnage d'un étang de 10 hectares, proportion d'un tiers plus faible que celle moyenne admise dans l'Ain. Nous pensons que cette quantité résulte de l'expérience dans les deux pays. La faible quantité d'empoissonnage des étangs de la Brenne peut venir de ce que le sol y serait de moindre qualité, ou de ce qu'on compte pour la surface des étangs à empoissonner, tout le terrain, même les parties non inondées. Lorsque les étangs sont laissés en pâturage comme dans la Brenne, on y comprend une assez grande étendue qui n'est point couverte par l'eau. Dans l'Ain on base, et avec raison, la quantité de l'empoissonnage sur l'étendue du sol inondé.

En Sologne, M. de Morogues donne, pour les étangs de première qualité, la proportion de 400 d'empoissonnage par hectare de terrain toujours couvert d'eau; elle serait presque double de la nôtre, si la base sur laquelle on l'établit était la même. Mais là on ne compte rigoureusement que le sol que l'eau couvre encore dans les grandes sécheresses, pendant que nous, nous comptons tout celui qui est couvert pendant que l'étang est plein. Ce qu'il y a de particulier dans l'aménagement des étangs de Sologne, c'est qu'on ne met point de brochets dans la pêche, et qu'il en reste ou qu'il s'en insinue presque toujours quelques-uns qu'on accuse d'y apporter plus de dommage que de profit. On conçoit que des brochets d'une grosseur sans proportion avec celle de l'empoissonnage, peuvent nuire; mais en revanche ils sont très-profitables lorsque leur empoissonnage est fait d'une manière rationnelle. En Sologne, où l'on pêche à deux ans sans alternance d'assec, les brochets qui restent dans les biefs comme résidu, peuvent sans doute occasionner quelque perte lorsqu'ils se trouvent plus forts que le reste de l'empoissonnage. On aurait donc tout intérêt à y imiter la pratique du Forez, où l'on égoutte rigoureusement après la pêche tous les étangs qu'on doit empoissonner immédiatement. On les laisse au moins quinze jours en vidange, afin que les *feuilles* de toute espèce et les brochets périssent et ne viennent pas surcharger ou détruire l'empoissonnage qu'on doit y mettre. Toutefois, ce moyen ne réussit complètement qu'autant que l'étang n'est pas situé sur un cours d'eau; dans ce cas, il est impossible d'empêcher les brochets et les perches de se trouver trop nombreux dans l'étang, et c'est le cas, nous le pensons, de la plupart des étangs de Sologne.

Il est tout-à-fait reconnu que la carpe est meilleure et plus belle dans les étangs où il se trouve du brochet, que dans ceux où il y en a peu ou point, parce qu'il débarrasse l'étang de la *feuille* et du petit poisson qui le chargerait et nuirait à la nutrition et à la croissance du poisson de la pêche; d'ailleurs, en pourchassant la carpe et la tanche, le brochet les empêche de s'abandonner librement à leurs amours qui les épuisent, les maigrissent et les arrêtent dans leur développement.

§ V. — *Pêche a un an.*

La première condition pour une pêche à un an, c'est de recevoir l'eau dans l'étang le plus tôt possible, et d'empoissonner avant l'hiver. L'empoissonnage qu'on sort d'étangs où il est très-nombreux et où il se nuit réciproquement, se trouve très-bien d'être mis au large et d'avoir une nourriture abondante; il commence donc à profiter pendant les temps doux de l'hiver et du premier printemps. On met, pour la pêche à un an, les deux tiers en nombre de l'empoissonnage nécessaire pour celle à deux ans, c'est-à-dire 160 têtes par hectare dans les bons fonds, 115 dans les médiocres, et 80 dans les mauvais; et l'empoissonnage doit avoir de 4 et demi à 6 pouces entre tête et queue. On met aussi 15 à 20 livres de tanches, et 10 brochets, pour chaque cent de 80 paires d'empoissonnage de carpes. Les tanches doivent avoir la grosseur du pouce, grosseur dont la moitié suffit pour l'empoissonnage à deux ans. Le brochet, qui doit avoir à peu près une demi-livre, ne se met qu'au mois de mai, après la pose faite; il serait à désirer qu'on le choisit d'un seul sexe. Il arrive assez souvent qu'il ne réussit pas dans ces pêches si on l'y met au printemps, parce qu'en arrivant il se jette sur le frai et détruit ses ressources pour l'avenir. Si les tanches ne sont pas un peu fortes, et que la nature du sol ne leur permette pas, en s'embourbant, d'échapper à la dent de leur ennemi, on en trouve peu à la pêche, dans laquelle on ne doit pourtant pas se dispenser de mettre du brochet. Il n'est pas toujours facile de se le procurer au mois de mai, et lorsqu'on l'a trouvé, de le faire arriver en bon état à l'étang; il faut donc chercher un moyen de l'avoir à sa disposition au moment du besoin : le plus sûr, et presque le seul, serait, lors des pêches d'hiver ou de mars où il est très-commun, de l'entreposer bien vif dans de petits viviers, voisins de l'étang empoissonné; par le vent du nord on l'y pêcherait la nuit ou de très-grand matin, pour le transporter immédiatement dans l'étang auquel il est destiné. Le petit brochet craint beaucoup le transport et demande des soins minutieux pour arriver sans perte à sa destination au mois de mai.

L'empoissonnage à un an pèse et coûte au moins le double de celui à deux ans. Ce dernier vaut de 4 à 6 francs, pendant que l'autre en vaut 8 à 12. La tanche se vend depuis 40 jusqu'à 60 francs le quintal; elle est d'autant plus chère qu'elle est plus petite. Le brochet, pour l'empoissonnage de deux ans, vaut de 60 à 80 centimes le kilogramme, et celui d'un an un tiers en sus. L'avantage le plus notable de la pêche à un an, est de faire revenir le produit net en avoine tous les deux ans au lieu de trois. Ce produit est souvent double de celui du poisson, et sa paille offre des ressources de fourrage et de litière très-précieuse au cultivateur. Dans le Forez on fait, le plus souvent, plusieurs pêches successives à un an; mais on trouve que la seconde est inférieure d'un huitième ou d'un dixième à la première.

§ VI. — *Pêche folle.*

Dans le département de l'Ain, on a donné ce nom à une pêche à deux ans, dans laquelle la première année on ne met que la moitié de l'empoissonnage ordinaire en carpes, dont deux tiers de *laitées* et un tiers d'*œuvées*. On met la quantité ordinaire de tanchons de deux ans, 4 à 5 tanches en bon état par cent d'empoissonnage, et point de brochets.

Dans l'automne, on connaît à l'épervier si la carpe et la tanche ont produit beaucoup de *feuilles*, et si elles ont bien profité. Suivant qu'il y a beaucoup ou peu de pose, on met dans l'étang, depuis 15 jusqu'à 30, et même 40 têtes de brochet par cent, soit 80 paires d'empoissonnage mis la première année. La grosseur des brochets est d'une livre en moyenne, qu'on augmente ou diminue suivant la force de la *feuille* et de l'empoissonnage. Il est essentiel que les brochets ne soient pas assez gros pour manger la première pose des carpes. On donne à cette pêche le nom de *pêche folle*, parce que son succès est moins assuré que celui des pêches régulières ; mais en cas de réussite son produit est considérable. Elle offre un brochet moins gros, il est vrai, que les pêches réglées, mais il est plus gras et s'y trouve, pour l'ordinaire, en plus grande quantité ; la carpe est bien en chair, et elle supporte facilement le transport. Quant à la tanche, il en reste assez peu ; le brochet en est tellement avide, qu'il la poursuit à outrance et la préfère à tout autre poisson ; mais comme elle est nécessaire au succès du brochet, au hasard d'en pêcher peu, on doit empoissonner en tanches. On retrouve encore à la pêche de gros empoissonnages de la pose de mai de la première année qu'on nomme *panneaux*, et qui se vendent jusqu'à 30 francs le cent pour empoissonnage à un an, puis des carnaussiers, ou plus petit empoissonnage, qui appartiennent à la pose d'août. Le produit de cette pêche est faible lorsque la pose de la première année n'a pas été abondante ; alors on n'y retrouve que de la carpe et du brochet. Il est faible encore, lorsque le nombre de cette dernière espèce n'a pas été suffisant ou qu'il s'en est beaucoup perdu. On y voit alors un grand nombre de poissons; mais la carpe et la tanche, affamées par la quantité d'empoissonnage, sont maigres et petites; les empoissonnages ont peu de valeur, et le peu de brochets restans, quoique beaux, sont trop peu nombreux pour indemniser de la perte. Ce cas arrive assez souvent, parce que peu d'étangs ont leurs grilles assez bien en état pour retenir le brochet qui s'échappe de toutes parts à l'époque du frai. Les pêches à deux ans tournent quelquefois en mauvaise pêche folle, lorsque le brochet y a manqué par l'une ou l'autre des raisons ci-dessus.

CHAPITRE XI.

DES ACCIDENS ET DES CAUSES DE DESTRUCTION DES POISSONS.

Le poisson craint beaucoup la neige, et même l'eau de neige. Après quelques instans qu'on l'a placé sur cette substance, le sang sort de dessous ses écailles et il meurt promptement. Les hivers neigeux, accompagnés de beaucoup de glace, lui sont dangereux. L'hiver de 1789 en fit périr dans les étangs une grande quantité. On a beaucoup disserté sur la cause de ce phénomène, mais on ne paraît pas l'avoir rencontrée. Depuis ce temps, toutes les fois que la glace couvre les étangs, on la casse vis-à-vis les places plus profondes qui servent de retraite au poisson; et pour l'empêcher de reprendre et permettre l'introduction de l'air, on met dans le trou une botte de paille ou de *chenevottes*. Ce moyen paraît utile, mais n'est point un spécifique; il renouvelle bien l'air nécessaire au poisson, et qui se trouve entre la glace et l'eau, mais il est incertain que la cause de mortalité soit tout entière dans l'air vicié. Si cela était, les lacs du Nord perdraient tous les ans leurs poissons, emprisonnés dix mois sous la glace, chose qui n'a cependant pas lieu.

Pendant l'été, le poisson souffre souvent beaucoup des orages. Lorsque la foudre a éclaté sur un étang ou dans le voisinage, on en trouve un grand nombre de morts, mais surtout des brochets; cette année nous avons perdu de cette manière presque tous ceux d'un étang de 10 hectares. La grêle est aussi fatale au poisson. Peut-être cela tient-il à une même cause, à l'état électrique de l'atmosphère.

Les loutres sont aussi de dangereux ennemis des poissons. Cet animal amphibie va les attaquer jusque dans leur élément et en fait un grand carnage. On les prend avec des filets, on les tue à coups de fusil. Des chiens les poursuivent dans les terriers qu'elles se sont ménagés ; mais leur dent est acérée, et souvent elles les déchirent. Le renard , dit-on , détruit aussi le poisson, mais on ne sait par quelle industrie. Le héron, les mouettes, et une foule d'oiseaux d'eau s'en nourrissent. C'est à eux qu'on doit d'ordinaire en partie la disparition , à la pêche, d'un quart ou d'un cinquième de l'empoissonnage mis dans l'étang ; mais la perte provient surtout, nous le pensons, de l'insuffisance ou du mauvais état des grilles placées dans l'étang à l'entrée et à la sortie des eaux.

CHAPITRE XII.

PRATIQUE DE LA PÊCHE.

Le mode de pêche des étangs nous paraît à peu près uniforme dans les divers pays dont nous parcourons les usages. Partout, dans la partie la plus basse, se trouve un fossé ou bief, où le poisson se retire lorsqu'on fait couler l'eau et à côté duquel et près de la chaussée se trouve un espace creusé à un pied de profondeur de plus, et qu'on nomme pêcherie; on a dû faire couler l'eau doucement et pendant plusieurs jours, et lorsque l'étang est bientôt vide, on ménage l'écoulement de l'eau qui reste, de manière à ce que l'étang se trouve en *pêche* à la pointe du jour, c'est-à-dire qu'il ne reste plus d'eau que dans le bief et la pêcherie; on arrête alors l'écoulement. Tout le poisson se trouve rassemblé dans le bief et la pêcherie; on traîne alors doucement dans le bief, depuis la partie supérieure de l'étang, un grand filet qui entraîne le poisson dans la pêcherie : lorsqu'on l'y a réduit, on barre avec le filet le bief pour que le poisson reste en place, et on le pêche alors à son aise avec des trubles ou filoches. On le pèse ensuite, ou on le compte, suivant les conventions, avec le marchand; puis on le met ordinairement dans des tonnettes pleines d'eau. Un second coup de filet dans le bief réunit dans la pêcherie le poisson qui a échappé au premier. On hâte, autant que possible, toutes ces opérations, surtout lorsqu'elles se font par le vent du midi.

Dans quelques étangs on établit une petite pêcherie derrière la chaussée où s'arrêtent les poissons, petits ou gros, qui passent par le canal; mais lorsqu'on a des thous établis dans le système que nous avons proposé, on peut s'en dispenser au moyen d'une grille en fer qu'on place temporairement à l'orifice dans l'étang du canal de décharge, et qui se glisse facilement par des cordons

depuis le bord supérieur de la chaussée au-devant du canal.
Mais pour que le poisson ne s'échappe pas, il est nécessaire que
la grille s'applique exactement sur l'embouchure du canal, et
par conséquent que cette embouchure soit garnie d'un cadre en
bois ou mieux en pierre, légèrement incliné du côté de la
chaussée. La même grille peut suffire pour tous les étangs, parce
qu'on n'en a besoin qu'au moment de la pêche.

Le poisson, calme ou agité au sortir de la pêcherie, indique
s'il y aura ou non du danger pour son transport ; l'agitation
annonce un commencement de souffrance qui s'accroît pendant
la route. Quand on craint du danger, on remplit les tonnettes
d'eau fraîche, et au besoin on y mêle moitié d'eau de puits.
L'heure la plus favorable pour la pêche est celle du soleil
levant.

Il faut, autant que possible, pêcher par le vent du nord, par
un temps frais. Nous venons de perdre une partie de la pêche
d'un étang faite par un temps frais, par le vent du nord, mais
par la pluie. Cependant des précautions avaient été prises ; on
n'avait mis qu'un quintal par tonnette, et le poisson s'est expédié
assez promptement. Ce n'est pas la longueur du transport qui
l'a fait périr ; on en a plus perdu dans le transport le plus voisin
que dans le transport le plus éloigné ; les brochets se sont mieux
conservés que les carpes, ce qui d'ordinaire est le contraire.
Nous devons donc admettre avec les poissonniers, que les pêches
par un temps de pluie peuvent entraîner des pertes considérables.

CHAPITRE XIII.

DU TRANSPORT ET DE LA CONSERVATION DU POISSON.

Dans le département de l'Ain, le transport du poisson se fait ordinairement dans des tonnettes ou petits tonneaux d'un hectolitre et demi pleines d'eau fraîche. On met de 100 à 150 livres de poisson dans chacune, en séparant les brochets des carpes et des tanches. Ces tonnettes se placent sur des charrettes qu'on conduit sans dételer à leur destination. La quantité de poisson qu'elles contiennent varie suivant que les vents sont au nord ou au midi, que le transport est plus ou moins long, et suivant la facilité qu'on a de leur donner en route de l'eau fraîche; lorsque la distance est assez longue pour qu'on soit obligé de donner l'avoine au cheval, on ne le détèle pas, et il produit en mangeant de petites secousses qui tiennent le poisson éveillé. Au besoin, le conducteur le remue avec un bâton. Il change en route l'eau des tonnettes aussi souvent qu'il le peut, en préférant de beaucoup la fraîche ou celle de source. En l'introduisant, il remue le poisson, afin que la nouvelle eau le débarrasse, autant que possible, de l'enduit visqueux qui le couvre. Lorsque Lyon, point ordinaire de destination, n'est qu'à 4 ou 5 lieues des étangs, on l'y conduit en voiture; mais lorsqu'on en est éloigné, on le mène à la Saône ou à la rivière d'Ain : on l'embarque alors en le plaçant dans des filets que traînent des bateaux, ou dans des bateaux percés de trous qu'on conduit à la remorque.

Dans la Brenne, les tonnettes ou tonneaux peuvent contenir trois quintaux de poisson. Aussi les frais de transport sont moins chers. Mais il est à croire que la dimension des tonnettes de l'Ain est plus favorable à la conservation du poisson; l'expérience y a conduit à diminuer d'un quart la contenance de 2 hectolitres 10 litres des vieilles futailles pour le vin.

Depuis Lyon, le poisson se porte à dos de cheval dans le Dauphiné et la Savoie; la charge d'un cheval est de 150 livres dans les deux paniers; on l'y place sur de la paille, et toutes les fois qu'on s'arrête, on le met dégorger dans des réservoirs. On a soin en route d'ouvrir de temps en temps les ouïes des carpes, et surtout celles des belles pièces; on les tient séparées avec une pelure de pomme ou une rouelle de pommes de terre. On met trois jours pour arriver de Lyon à Chambéry. Le voyage se fait sans avarie, si le froid ou la chaleur ne sont pas trop forts : en arrivant, on enlève au poisson, avec un linge fin, le gluten qui colle ses ouïes.

Lorsque les Dombistes veulent changer l'eau des tonnettes, ils leur donnent la nouvelle par l'ouverture supérieure en faisant déborder l'ancienne par dessus. Dans le Forez, on les vide par le bas et on les remplit en même temps par le haut, en continuant de laisser couler jusqu'à ce que l'eau sorte claire. Ce moyen nous semble préférable; il change plus sûrement l'ancienne eau et lave mieux le poisson. On transporte volontiers la *feuille* ou l'empoissonnage à dos de cheval ou à dos d'homme, en la plaçant sur un peu de paille ou dans un linge. Lorsqu'on arrive à l'étang, on reçoit le poisson dans des paniers qu'on verse doucement au bord de l'eau. On s'assure, par ce moyen, de la quantité que le transport a fait périr.

Dans la Brenne, on prend un soin analogue, mais encore mieux raisonné. On fait, en arrivant dans un endroit peu profond de l'étang, une petite enceinte avec du menu bois, de la bruyère ou des roseaux; on y dépose l'empoissonnage en le sortant des paniers; au bout de quelque temps de repos, si le poisson est bien vif, on lui ouvre une petite issue dans l'étang. Il gagne alors la grande eau sans danger, pendant que, sans cette précaution, il se noie souvent ou s'étouffe en se plongeant la tête dans la vase.

Quant au gros poisson, lorsqu'on ne le transporte pas en tonnettes, on le charge sur des charrettes bien garnies de paille, en lits alternatifs de paille et de poisson. Le brochet, plus délicat, se place au-dessus de la carpe; en arrivant, on se hâte de placer le poisson dans des réservoirs.

En Sologne, le transport est plus difficile qu'en Dombes, parce que la distance aux rivières et aux débouchés est plus grande ; nous pensons que le moyen qu'on y emploie est préférable ; il est d'ailleurs analogue à celui qu'on emploie dans l'Ain pour la Savoie et le Dauphiné. La soustraction de l'eau au poisson ne lui est pas promptement mortelle. M. Durand rappelle dans son écrit qu'on a conservé, pendant plusieurs mois, des carpes en lieux frais, dans des filets suspendus et garnis de mousse qu'on arrosait fréquemment et sur laquelle on plaçait, pour les nourrir, du pain détrempé dans du lait. Il parle encore de carpes transportées à de grandes distances dans des caisses percées de trous et garnies de mousse humide, sur laquelle on les couche après avoir séparé leurs ouïes avec des pelures de pommes.

Les poissonniers conservent le poisson dans de grandes caisses de chêne, percées de trous, qu'ils placent dans des rivières ou dans des réservoirs. Une tonnette, aussi percée, est un moyen commode de conservation pour la consommation d'une maison particulière.

Le poisson se garde mieux dans le cuivre que dans le bois, et dans le chêne mieux que dans le sapin dont il craint l'odeur et la saveur résineuse. Une poignée de farine de seigle, de la fiente de vache ou de cheval, du jus de fumier, aident à le conserver. Toutefois, s'il est nombreux dans un vase où l'eau ne se renouvelle pas, il faut la changer souvent, parce que, par son séjour dans la même eau, il se recouvre d'un enduit visqueux qui paraît beaucoup lui nuire, surtout si le temps est chaud.

CHAPITRE XIV.

Dans les étangs à sol très-argileux, la culture en labour doit alterner chaque année avec la culture en eau; deux années d'eau tassent ce terrain de manière à ce que le poisson y profite peu la seconde année, et la troisième il est trop compacte pour être fécond sur un seul labour. Il est aussi très à propos d'y faire la pêche au commencement de l'hiver, pour que la gelée commence à soulever le sol et prépare le travail de la charrue. Les étangs brouilleux, c'est-à-dire ceux où abonde la brouille (*festuca fluitans*), sont dans le même cas et se traitent de la même manière. On y trouve de plus l'avantage de faire pourrir cette plante aquatique pendant l'hiver.

Les étangs sablonneux doivent rester couverts d'eau jusqu'au moment des semailles. On doit les labourer pendant que le sol est encore humide, pour qu'il conserve plus de consistance. Dans le sol argileux, ce travail doit se faire, autant que possible, quand le terrain est presque sec. Un seul labour en planches de 3 à 4 pieds de large, bombées dans le milieu et sur lesquelles on donne un coup de herse, suffit pour la semaille. On couvre la semence avec un ou plusieurs hersages. Une deuxième façon à la herse, donnée lorsque la plante est sortie, est souvent très-utile; elle sarcle la céréale, et détruit en grande partie la mauvaise herbe plus tendre et à plus large feuille qui nuirait à la récolte. Les soins que nous venons d'indiquer sont ceux qu'on donne à la semaille d'avoine, qui est le produit le plus fréquent dans les étangs. On sème un quart plus d'avoine qu'on ne sèmerait de froment.

Lorsqu'on veut semer du froment dans un étang, il faut le pêcher à la fin d'août ou vers le milieu de septembre. Dans le premier cas, on le laboure à plusieurs reprises, et on le sème en octobre dans la terre bien préparée. Lorsqu'on pêche en septembre, on laisse ressuyer le fond pendant une dixaine de jours, au bout desquels on donne un labour. Après un premier hersage, on sème le froment qu'on recouvre par un deuxième coup de herse. Cette dernière méthode, qui est souvent aussi profitable que l'autre, s'appelle semer sur la boue. En 1835, un étang ainsi semé nous a reproduit plus de onze fois la semence.

Les rivières de ceinture sont, comme nous l'avons dit précédemment, éminemment utiles pour la mise en culture des étangs ; elles défendent les récoltes contre l'arrivée des eaux qui leur nuisent beaucoup, lorsqu'elles viennent à les recouvrir, parce qu'elles refroidissent le sol, donnent de la force aux herbes aquatiques et affaiblissent en même temps les jeunes céréales ; l'avoine surtout craint beaucoup cette inondation. Le sol récèle dans son sein des myriades de graines qui ne pourrissent pas sous les eaux et qui, lorsque l'étang est en assec, poussent et couvrent facilement la surface ; lorsque des inondations viennent à les favoriser, les céréales qui n'ont pas encore eu le temps de prendre de la force, sont étouffées par leur forte végétation. On sent dans ce cas l'utilité d'un large canal d'évacuation qui peut, au besoin, se suppléer par un second à travers la chaussée, et auquel on donne le nom de *bachasse borgne*. Son orifice intérieur se ferme avec un bouchon qu'on recouvre de terre lorsque l'étang est en eau, et qui s'ouvre quand il est en assec, pour hâter le débit des eaux d'inondation ; toutefois une rivière de ceinture est un moyen plus sûr, plus complet et plus utile, mais ne dispense pas même de la bachasse borgne, lorsque l'étang a plusieurs *queues*, c'est-à-dire qu'il reçoit l'eau de plusieurs bassins.

En Dombes, le propriétaire, s'il habite sur les lieux ou son fermier-général, fait cultiver les domaines à moitié ou les amodie en argent et s'en réserve les étangs. Il les empoissonne à son compte, et l'année de la culture il les fait ensemencer à moitié par les fermiers qui fournissent toute la semence et ont pour eux la paille entière avec la moitié du grain. Toutefois, les batteurs et moissonneurs prélèvent, sous le nom d'*affannures*, le cinquième ou le sixième du produit total en grains.

Depuis quelques années, on a adopté un cours de culture que l'expérience a prouvé être très-profitable, particulièrement dans les sols argileux ; une première année d'assec se consacre à une jachère d'été, dans laquelle on laboure profondément, et qui est suivie de seigle ou de froment qui donne une récolte abondante. Le produit en poisson qui lui succède, et l'avoine qui le suit, sont par là beaucoup améliorés. Il serait à désirer que cette jachère pût revenir de temps en temps, parce que la terre se tasse de nouveau sous l'eau et le labour léger de l'avoine. Mais cet assolement avec jachère ne peut se suivre que dans les étangs où l'on est maître à la fois de l'assec et de l'évolage.

Les labours profonds de la jachère ont pour effet spécial de rompre le béton ou la couche de sous-sol que la pression des eaux, la marche des charrues et des animaux de labour ont serrée de manière à rendre difficile toute infiltration ; ils sont donc éminemment utiles aux produits de toute espèce des étangs. On conçoit bien que dans les systèmes de culture où on ne laboure jamais, le béton se resserrant de plus en plus, les produits doivent être inférieurs. Dans la Brenne on ne laisse en assec que chaque onzième année, et cette année même ne produit qu'un mauvais pâturage et peu de mauvais fourrage, parce qu'il est très-difficile de faucher dans ces étangs infestés de mottes, de roseaux et de carrex.

Le tassement des terres sous l'eau ne doit jamais être perdu de vue dans la culture des terres plus ou moins long-temps inondées. Il exige de forts labours pour rendre à sa consistance naturelle soit la partie du sol où la plante doit végéter, soit même le sous-sol qui la porte. Ce sous-sol tassé, en retenant l'eau, noie les récoltes cultivées ; mais il est surtout un obstacle au succès des plantations des essences qui craignent un sol compacte et humide. Dans ce cas, il ne suffit pas de faire des creux un peu larges et profonds, parce que la terre se pénètre d'eau qui ne peut s'échapper par les parois ni par le fonds de ce sol imperméable ; mais il faut les approfondir jusqu'à ce qu'on ait percé la couche tassée, et par conséquent effondré le béton.

L'usage de la jachère dans les étangs est regardé comme une

grande amélioration, mais il n'est pas ancien en Dombes; il existe aussi dans le Forez. Il y a en général beaucoup d'analogie dans la conduite des étangs de l'un et de l'autre pays. Le Forez a-t-il pris chez nous, ou lui avons-nous emprunté ses usages, ou bien encore sont-ils dans les deux pays le résultat de l'expérience? c'est ce qu'il importe peu de savoir; mais ce qui importe plus, c'est que nous prenions chez eux ce qu'ils font mieux que nous; des rapports réciproques sont établis entre les Sociétés et les hommes des deux pays; mettons-les donc à profit de part et d'autre.

Nous ne quitterons pas ce sujet sans remarquer que cette couche de terre tassée ou béton est plus ou moins épaisse, plus ou moins serrée, suivant la nature du sol; qu'elle est plus tassée dans le sol argileux et plus profonde dans le sol léger; qu'elle est plus serrée vers la chaussée où la charge d'eau est plus forte, et qu'elle l'est moins à mesure qu'on s'en éloigne. Nous remarquerons encore que ce sol ne retient l'eau que lorsqu'il en est lui-même pénétré et saturé; son imperméabilité, comme nous l'avons établi, est donc loin d'être absolue, puisqu'il y a pénétration de la masse et un équilibre, en quelque sorte, dans la saturation de ses parties. Toujours même encore, cette couche tassée laisse, par l'effet de la gravité, plus ou moins passer mais bien lentement ses eaux aux couches inférieures.

Cet effet se fait plus ou moins remarquer sur les plateaux de sol argilo-siliceux; tous les travaux de culture et de labour tendent à serrer de plus en plus le sous-sol; les labours profonds y ont donc une grande importance, et c'est le plus souvent le contraire qui a lieu. Mais lorsqu'une forte pression, comme celle d'une colonne d'eau, vient encore à charger ce sol et que des labours, exécutés toujours à la même profondeur sur un sol encore pénétré d'eau, ont battu plus spécialement la couche sur laquelle repose la tranche labourée, ce terrain prend alors les qualités de celui de la clave de la chaussée qui intercepte plus fortement tout passage d'eau. La couche supérieure se détasse bien (si je puis m'exprimer ainsi) par l'effet de la gelée; mais comme elle ne pénètre pas jusqu'au sous-sol, il conserve son tassement et par conséquent son imperméabilité.

On conçoit donc que dans les grandes pluies les végétaux de la surface se trouvent dans une couche noyée et ne doivent pas réussir. Nous revenons ici à dessein sur la question difficile et peu connue de l'imperméabilité du sol argilo-siliceux et de la couche tassée qui se forme dans le sous-sol ; nous la trouverons encore traitée avec de grands éclaircissemens dans l'enquête dont nous publions le résumé à la suite de cet écrit, et nous ajouterons ici une remarque à l'appui de ce que nous avons dit précédemment que cette imperméabilité est loin d'être absolue, et que les eaux traversent encore, quoique lentement, l'alluvion argilo-siliceuse ; c'est que les bassins profonds des petits cours d'eau qui prennent naissance dans le plateau sont remplis de sources dont les eaux proviennent évidemment des infiltrations du plateau qui les entoure ; et puis sur les bords de ce plateau, du côté de la Saône, comme du côté du Rhône et de l'Ain, il sort un grand nombre de sources très-abondantes qui ne peuvent avoir d'autre origine.

CHAPITRE XV.

DU PATURAGE ET DE LA CHASSE DANS LES ÉTANGS.

Lorsque les étangs sont en eau , leur pâturage offre une assez grande ressource : ce sont ceux surtout où abonde la brouille (*festuca fluitans*) qui offrent le plus d'avantages ; au premier printemps cette graminée tapisse la surface des eaux ; les bêtes à cornes et les chevaux en mangent avidement les pousses nouvelles et se remettent par ce moyen assez promptement de la disette de fourrage qu'ils ont presque toujours éprouvée pendant l'hiver. Au milieu de l'été , lorsqu'elle monte en graine , ses tiges durcissent et cessent d'être recherchées par les bestiaux ; mais la graine alors devient utile au poisson. En Pologne, où cette plante est très-abondante, on en recueille la graine sous le nom de *manne de Pologne,* et on en fait des potages très-savoureux ; la sève d'automne , après la fructification , fait pousser à la brouille de nouvelles tiges , consommées de nouveau avec profit par les bestiaux comme au printemps : cette graminée repousse, en général , avec une grande vigueur et presque à mesure que ses tiges sont consommées.

Nos étangs produisent encore le fenouil d'eau (*phellandrium aquaticum*), plante qui est un poison pour l'homme , et qui est cependant très-recherchée par les animaux. Il croît au milieu des étangs les plus profonds , et les bestiaux vont l'y chercher à la nage ; il semble aussi utile au poisson , du moins les étangs qui le produisent donnent de plus gros produits.

Dans quelques-uns se trouve en abondance une variété de *scirpus maritimus ;* les cochons sont très-friands de sa racine ; ils la recherchent avidement et dévastent , si on n'y prend garde, les étangs en avoine.

La chasse des étangs offre aussi de l'importance ; il est tel grand fonds où le jour de la chasse on tue plusieurs centaines de têtes de gibier, qui se composent de morelles, de sarcelles et de canards. La chasse se fait au fusil et dans des bateaux. Le canard fuit au premier coup de fusil, mais la morelle ne fait que changer de place et se laisse détruire sur l'étang pendant tout le jour de la chasse; la nuit, celles qui ont échappé au carnage se rassemblent pour partir et ne plus revenir. Ces oiseaux sont généralement de passage, et à l'exception de quelques canards, nichent peu dans le pays.

CHAPITRE XVI.

DU PRODUIT COMPARÉ DES ÉTANGS.

Dans le département de l'Ain, on estime en moyenne dans la pêche à deux ans, à 50 francs par an le produit par cent d'empoissonnage, en y comprenant les tanches et les brochets. La pêche à un an vaudrait peut-être un peu plus de 60 francs par cent d'empoissonnage, surtout si les brochets ont réussi; il faut déduire, pour la pêche à deux ans, 10 à 12 francs par cent d'empoissonnage assorti, et pour la pêche à un an, 15 à 20 francs; ce qui réduirait le produit annuel en argent à 40 ou 45 francs par hectare dans l'un et l'autre cas.

Dans un étang de bonne qualité, la carpe en deux ans augmente dans la proportion de 1 à 16, c'est-à-dire qu'une carpe de 2 onces arrive à 2 livres, le brochet d'un quarteron arrive à 2 et 3 livres, et la tanche quadruple ou quintuple son poids. Mais il y a dans tous ces produits bien du hasard; rarement se réalisent-ils dans les fonds même de bonne qualité; dans notre évaluation des produits en argent, la même que celle donnée dans la Statistique, nous avons donc dû nous tenir beaucoup au-dessous de ce résultat pour les fonds de qualité moyenne, qui sont ceux dont nous voulions apprécier le produit; et notre moyenne est encore beaucoup au-dessus de celui des mauvais fonds : lorsque le sol se tasse facilement, ou qu'il est de mauvaise qualité, il peut n'être souvent que moitié de celui que nous venons de donner comme terme moyen. Dans le temps où l'on voulait tout mettre en étangs, on agit comme dans toute circonstance où l'engoûment tient lieu de raison; on fit de très-grandes dépenses pour mettre en étang des fonds qui produisent très-peu de poissons, et qui auraient pu produire de bons bois, ou être labourés et cultivés avec quelque avantage; les chaussées qui environnent ces fonds, souvent de trois côtés, coûteraient maintenant beaucoup plus à faire que les fonds n'auraient de valeur vénale.

Dans les fonds de qualité moyenne dont nous avons parlé, le produit de l'avoine est de 20 à 25 hectolitres par hectare, dont il faut déduire les labours et frais de semailles, et en outre ceux de moisson et de battaison qui seuls coûtent, eu égard à la nourriture des batteurs et moissonneurs, plus du quart du produit brut en grains.

Dans le Forez, le produit en poisson donné par M. Durand, est plus considérable. Les frais d'empoissonnage sont aussi plus forts. L'empoissonnage d'un an y pèse 7 à 8 onces, pendant qu'il ne pèse que moitié dans l'Ain. Le produit brut en poisson y serait de 100 francs par hectare et par an, dont on ôte moitié pour frais d'empoissonnage, de garde et de pêche; il resterait en produit net 50 francs. Le produit de la pêche de seconde année s'évalue à un huitième de moins que celui de première. Le produit en assec, au contraire de ce qui se passe dans le département de l'Ain, est regardé comme inférieur à celui du poisson, en sorte que le produit net moyen annuel de l'hectare de terrain en étang serait de 40 francs. Les étangs s'y sont relativement moins accrus que dans l'Ain. Cela s'explique, parce qu'ils offrent un moindre produit, que le sol moins ondulé y présente moins de positions favorables, et que les pluies moins abondantes offrent moins de moyens de les remplir.

M. de Morogues évalue en Sologne le produit annuel à un quintal de poisson par an et par hectare. Si on compte le quintal de 25 à 30 francs, et qu'on ôte moitié pour l'empoissonnage et le chômage, ce qui est sans doute beaucoup, on aurait 12 à 15 francs par an pour le produit net moyen de l'hectare d'étang; cependant ailleurs il ne porte ce chiffre qu'à 5 francs. Ces deux valeurs, données par un propriétaire qui habite le pays, seraient assez difficiles à concilier; on pourrait, jusqu'à un certain point, l'expliquer par la grande différence de prix du poisson dans les différens cantons de la Sologne. Ces résultats, en prenant même le plus fort, prouvent donc surabondamment que le produit des étangs non alternés en labourage est peu considérable.

Enfin, M. de Marivaux estime le produit annuel en poisson d'un hectare de première qualité dans la Brenne, à 32 francs 50 centimes, déduction faite de l'empoissonnage et des frais. Si on retranche ceux de pêche et de chômage de la onzième année, ce produit se réduit à 28 francs. La moyenne du produit dans le département de l'Ain nous paraît supérieure. Le résultat de ces comparaisons serait donc évidemment que l'assolement alternatif en labour et en poisson serait de beaucoup le plus favorable, puisque, outre une plus grande valeur en poissons, il fournit tous les deux ou trois ans, sans engrais, une récolte abondante d'avoine et surtout de paille, ressource très-précieuse pour le domaine ; il est en outre remarquablement moins malsain, d'abord, parce que dans l'année d'assec le sol de l'étang en labour a perdu toute son insalubrité, et qu'ensuite dans les années d'eau les bords de l'étang, transformés par les labours de l'assec en planches bombées, s'égouttent beaucoup mieux, à mesure que par l'évaporation de l'été le sol se découvre, et dégagent moins de miasmes que lorsqu'ils restent à plat couverts de joncs, de carex et de plantes aquatiques comme dans les étangs non cultivés.

CHAPITRE XVII.

DES VIVIERS, DE LEUR USAGE ET DE LEUR CONSTRUCTION.

Les viviers sont nécessaires aux personnes qui s'occupent de l'économie et de la direction des étangs. On a besoin tous les ans de conserver de jeunes brochets, pour les mettre dans le mois de mai ou en automne dans les étangs. On est encore souvent obligé d'entreposer son empoissonnage, parce que fréquemment ceux auxquels on le destine ne sont pas prêts à le recevoir. Et puis dans l'expédition du poisson, on peut éprouver du retard : un froid subit, des orages, de grandes pluies, peuvent forcer d'interrompre une pêche commencée ; les viviers alors servent d'entrepôts ; enfin dans le commerce et la production du poisson, il est une foule de circonstances où ils se trouvent de la plus grande utilité.

Pour l'ordinaire de petits étangs sont destinés à cet usage, mais ils sont presque toujours trop grands pour l'emploi du moment, et une fois vidés, il faut trop d'eau pour les remplir. Plus loin, nous verrons que les viviers seraient encore néces-saires pour l'entretien et l'engraissement du poisson ; c'est par tous ces motifs que nous avons jugé utile, dans un écrit sur l'économie des étangs, de nous occuper aussi des viviers. Ce sont des pièces d'eau destinées à entreposer, conserver et en-graisser le poisson. Ils sont un établissement très-utile dans toutes les habitations à la campagne. Outre l'agrément qu'ils présentent, de vivifier et de varier le coup-d'œil des jardins, ils offrent encore le grand avantage de tenir le poisson prêt pour le moment du besoin ; à la ville les poissonniers s'en chargent, mais cette ressource manque à la campagne.

Nous n'entrerons pas dans le détail des constructions et des usages des viviers des anciens ; c'était un objet sur lequel ils avaient porté tout leur luxe et toute leur industrie : mais c'était

8

surtout des viviers d'eau de mer qu'ils avaient établis, et ils y conservaient à leur disposition des poissons de toutes les tailles et de toutes les mers connues.

Les réservoirs modernes sont mieux assortis à nos mœurs et à nos habitudes : ils sont destinés particulièrement aux trois espèces de poisson dont nous avons parlé, aux carpes, aux tanches et aux brochets. Il est à propos d'avoir deux réservoirs, ou au moins une séparation dans un seul. Le brochet doit être séparé des deux autres espèces, parce qu'autrement il les dévore ou les fait périr par les blessures qu'il leur fait. La faim lui fait attaquer des carpes d'un poids presque égal au sien; il ne peut les avaler, mais il les blesse cruellement, et le plus souvent elles succombent aux suites de ces blessures. On le nourrit avec de petits poissons, mais on le conserve aussi sans lui en donner pour pâture; il maigrit alors, mais il reste néanmoins ferme et de bon goût, si l'eau du réservoir est vive, que quelques sources l'alimentent, et que le fond ne soit pas vaseux. Les eaux lui fournissent bien sans doute quelque aliment, mais nous en ignorons absolument la nature; dans les réservoirs ordinaires, alimentés seulement par les eaux de pluie ou de trop faibles sources, nous l'avons vu laissé sans nourriture, dépérir et à la consommation offrir peu de qualité.

Dans des pays d'eau vive et en montagne, on a aussi des réservoirs de truites; mais il faut que leur eau soit près de la source et qu'elle se renouvelle fréquemment. Ce poisson est vorace; il faut par conséquent l'alimenter avec de petits poissons de rivières ou d'étangs.

Les carpes et les tanches se nourrissent avec plus de facilité. On leur envoie, si on le peut, avec grand avantage, les eaux des écuries, des éviers; les débris de tables, les balayures de la maison leur conviennent à merveille; le fumier frais ou vieux, les grains de toute espèce, cuits ou crus, liés entre eux avec de l'argile, les boulettes de pommes de terre cuites, pétries avec de la farine d'orge, de froment, de maïs ou de sarrazin, les salades crues, les racines hâchées, les débris d'animaux de toute espèce, le fumier des boucheries, sont aussi pour elles d'excellente nourriture. La carpe ne mange pas de poisson, mais vit d'insectes et de débris de toute espèce. On peut donc ajouter aux grains avec avantage des substances animalisées.

On nous dit qu'en Hollande on engraisse les carpes en les suspendant dans des filets où elles reposent sur de la mousse humide. On les nourrit de laitue, de mie de pain imbibée de lait, de courge et d'orge bouillie. Nous n'avons pu vérifier ce fait dans un voyage que nous avons fait dans ce pays, en sorte que nous ne le donnons pas comme étant bien certain.

On fait dans les réservoirs la provision des carpes avec de grosses masses d'argile pétries avec de l'orge ou d'autres grains que le poisson attaque et consomme à mesure du besoin. Sans nourriture spéciale, les carpes maigrissent beaucoup, mais se conservent pourtant fermes et de bon goût, si les eaux des réservoirs sont vives, si elles reçoivent des sources ou un peu d'eau courante; il est essentiel de débarrasser fréquemment leur fond de la vase qui s'y forme et s'y accumule, si on veut qu'elles ne prennent pas un goût de bourbe fort désagréable. Ce goût se perd, il est vrai, par le séjour un peu prolongé dans une eau vive.

La boue des réservoirs est un excellent engrais pour la plupart des terrains, quand on lui a laissé passer quelques mois à l'air. On est donc amplement dédommagé du soin et des frais de curage. Cette boue se forme des détritus de plantes aquatiques d'un grand nombre d'espèces qui y végètent avec vigueur, et qui rempliraient bientôt le réservoir si on n'avait soin de le vider régulièrement.

Les réservoirs doivent être placés en lieux aérés et qui reçoivent le soleil. Les arbres nombreux qui y font de la vase en y jetant leurs feuilles, sont nuisibles au poisson. Il faut aussi aux viviers une certaine profondeur, pour que l'eau pendant l'été ne prenne pas une température trop élevée qui pourrait faire périr le poisson dans les jours chauds et longs de la canicule; c'est ce qui nous est arrivé en 1837; dans le fort de la sécheresse, des brochets et des carpes ont péri en assez grand nombre dans des réservoirs alimentés par des sources, bien faibles il est vrai. Si les réservoirs sont assez grands pour que le poisson puisse y faire de la *feuille*, il est bon que l'un des bords au moins soit en pente douce pour faciliter le frai.

On se défend des maraudeurs en plaçant des piquets dans le fonds des viviers pour empêcher le jeu des filets; toutefois, on se ménage une place profonde où l'on puisse soi-même, avec un épervier, prendre le poisson au moment du besoin; on lui jette quelque amorce dans cette espèce de pêcherie, et on l'y envoie, s'il le faut, en battant l'eau dans les autres parties du réservoir.

Les viviers ne sont pas d'un entretien difficile; on peut presque partout en établir. On leur choisit une position favorable. Un pli ou une inflexion de terrain leur est presque nécessaire, comme à l'établissement d'un étang. S'il ne s'en trouve pas, on les creuse sur un sol qui offre de la pente, car elle leur est absolument nécessaire, soit pour les vider, soit pour prendre le poisson, soit enfin pour débarrasser le fond de la bourbe qui s'y établit. Si on n'a point d'eau de source, on les remplit avec celle des pluies, et aussi promptement que possible; celle des cours, des terres labourées, leur conviennent beaucoup mieux que celle des bois ou des terrains maigres. Si on a été obligé de creuser son vivier, on doit, avant d'y retenir l'eau, le laisser exposé pendant un an au moins aux influences atmosphériques.

Mais ici, comme dans les étangs, l'une des premières conditions, à moins que le vivier ne soit alimenté par des eaux abondantes et courantes, c'est d'avoir un sol peu perméable; si, par sa nature, il a cette qualité et qu'on ait une inflexion de terrain, une chaussée en terre se fait avec les mêmes soins, sous les mêmes conditions, et avec le même succès que pour les étangs.

Si le sol n'est pas imperméable, il faut le rendre tel par art, et pour cela glaiser le fonds, c'est-à-dire le garnir d'un corroi d'argile pure d'un pied d'épaisseur. Les Anglais se sont bien trouvés de mettre un lit de chaux sous celui d'argile. Cette chaux repousse les insectes et défend le corroi. L'argile marneuse ne vaut rien pour cet objet, parce qu'elle se pénètre par l'eau et se délite facilement. Pour s'assurer que l'argile n'est point calcaire, on verse dessus quelques gouttes d'acide. S'il n'y a point d'effervescence, on a de l'argile pure; l'argile effervescente est marneuse.

On fait la chaussée du réservoir en y mettant une *clave* ou corroi de deux pieds au moins d'épaisseur d'argile. Si on n'a pas de bonne terre argileuse, un mur de deux pieds, construit avec des matériaux de peu de volume, placés à bain de mortier hydraulique, feront une construction que les eaux ne pourront traverser. Par ces divers moyens, on a un réservoir qui ne perd pas l'eau; cependant, lorsqu'il n'est pas sur un fond imperméable, le temps, les poissons, les insectes et les soins de curage détruisent bientôt le corroi du fond dans lequel les moindres fissures suffisent pour perdre l'eau. Pour faire donc un ouvrage solide et durable, il faut garnir le fond et les bords d'une couche de six pouces de bon béton de chaux hydraulique. Ce moyen est plus cher sans doute, mais il est de toute durée et à l'abri de presque tous les accidens.

On trouve maintenant à peu près partout la pierre pour faire la chaux hydraulique; la dépense n'est donc guère plus considérable qu'avec la chaux ordinaire. Avec de la chaux hydraulique, à 2 francs l'hectolitre, ou 20 francs le mètre cube, (prix sans doute élevé), et du sable ou gravier, à 2 francs le mètre cube, on peut fabriquer du béton à moins de 12 francs le mètre cube, ou 35 centimes le pied cube; le mètre carré du fond du réservoir reviendra donc à moins de 2 francs.

Le béton se fait plus économiquement, et meilleur même, avec le gravier qu'avec le sable fin : dans un béton bien fait, la chaux doit envelopper chaque molécule. Or, il est évident qu'un gros gravier demande, pour être enveloppé, beaucoup moins de chaux qu'un volume égal de sable fin dont toutes les molécules doivent être entourées.

On emploie aussi le béton d'une manière très-économique toutes les fois qu'on peut se procurer de la blocaille ou des cailloux; dans ce cas on place une première couche de béton de 2 à 3 pouces d'épaisseur sur le sol; on distribue sa blocaille de manière à ce qu'elle soit placée partout à bain de béton , et on l'enfonce avec les pieds armés de sabots jusqu'à ce qu'elle touche le sol. On met ensuite une nouvelle couche de béton de même épaisseur, dans laquelle on jette de la nouvelle blocaille. On a de cette manière épargné un tiers ou au moins un quart de volume de béton ; deux couches ainsi disposées suffisent pour faire le fond d'un réservoir.

Les moyens d'évacuer l'eau des viviers sont les mêmes que ceux des étangs. On peut les faire plus simples, en plaçant au-devant de la chaussée, dans le réservoir, l'œil de la bonde; cet œil se bouche avec un tampon de bois qui porte un anneau de fer. Un bâton, garni d'un crochet de fer qu'on rentre à la maison, suffit pour ouvrir la bonde et faire évacuer l'eau quand on veut vider le réservoir.

Tous les moyens que nous venons d'indiquer pour rendre les chaussées et le fond des viviers imperméables, sont presque toujours inutiles sur les plateaux argilo-siliceux où l'imperméabilité est le caractère principal du sol.

CHAPITRE XVIII.

ENGRAISSEMENT DES POISSONS.

Les détails que nous venons de donner sur la nourriture du poisson, sur l'emploi et la construction des réservoirs, nous amènent à des considérations auxquelles nous croyons devoir attacher de l'importance.

Le poisson gras a autant de supériorité sur le poisson maigre, que la volaille grasse sur la maigre ; l'engrais des volailles en Bresse y est une des sources notables de prospérité ; rien n'empêcherait que dans les pays d'élève de poisson on n'arrivât à un résultat analogue.

L'engrais de la volaille demande beaucoup de main d'œuvre et une grande consommation de denrées ; celui du poisson en exigerait peu, parce qu'il se ferait en partie avec des rebuts, des débris laissés par les hommes et les animaux, des litières d'écurie, des grains cuits, des racines crues ou cuites. On jette au poisson placé dans des viviers, cette nourriture qui se renouvelle à mesure du besoin.

Ces réservoirs, vidés tous les deux ou trois ans, produisent en outre pour le domaine une assez grande masse d'engrais de très-bonne qualité, qui se compose de tout ce que les poissons n'ont pas consommé dans les fumiers et débris qui leur ont été donnés pour nourriture, et dont la fécondité naturelle s'accroît beaucoup par l'habitation des poissons. Leurs déjections produisent une grande activité de végétation, puisque dans certains sols elles suffisent à la production de trois ou quatre récoltes successives et abondantes sans autre engrais.

L'engraissement du poisson est, il est vrai, bien nouveau pour nous, mais il est ailleurs connu et pratiqué avec succès ; il serait sans doute difficile qu'une première impulsion parvînt à le faire naitre dans notre pays ; les améliorations ne marchent pas si vite, surtout celles qui ont pour objet une industrie agricole. Mais si nos recherches ne parviennent pas à l'y créer immédiatement, tout au moins pourrons-nous réussir à éveiller l'attention sur lui, à prouver qu'il est possible et offre même peu de difficulté ; les renseignemens que nous consignons ici seront, en quelque sorte, une semence jetée pour faire éclore dans l'avenir l'industrie que nous proposons et pourront plus tard faciliter son développement.

Cet art, à peine connu aujourd'hui, existait déjà chez les anciens, dont les viviers nombreux étaient spécialement destinés à l'engrais des poissons. Tous leurs auteurs agronomiques, Caton, Varron, Columelle, Pline, Palladius, en parlent. Les détails qu'ils donnent ne sont pas, il est vrai, assez étendus pour en tirer d'importantes lumières ; mais ils sont la preuve que cet art, pratiqué dans des pays étendus, pouvait s'y exercer facilement, d'où nous devons tirer la conséquence que nous pourrions en recueillir des résultats analogues.

Au temps présent, cet art est sans doute assez peu avancé en Europe ; cependant partout on conserve et on entretient le poisson pour la consommation ; il nous semble évident que de là à leur engraissement artificiel, il n'y aurait qu'un pas de plus à faire. Et puis si, comme on le lit dans les écrits agronomiques, on fait des carpeaux en Angleterre, il en résulte que, maigris par l'opération, ces poissons doivent être, par un régime approprié, remis en état et engraissés.

Nous avions beaucoup ouï parler des carpeaux du Rhin ; c'est un des mets particulièrement appréciés par les gastronomes parisiens. Sans prévention, il nous a semblé que la chair de la carpe du Rhin était sans comparaison très-supérieure à celle des autres rivières, même à celle très-vantée du Rhône. Nous avions pu croire aussi que les poissonniers de Strasbourg engraissaient et faisaient peut-être leurs carpeaux par la castration ; nous avons voulu voir ce qu'il en était sur les lieux, à Strasbourg même. Nous y avons trouvé cette industrie presque concentrée dans les mains d'un négociant très-riche, dans la

famille duquel elle se perpétue depuis long-temps ; il a eu la
complaisance de nous faire voir ses réservoirs et ses plus beaux
poissons. Il en a de toute grosseur, depuis 1 kilogramme jusqu'à
15, et même au-delà. Il les achète des pêcheurs, les renferme
dans de grands réservoirs en chêne placés dans l'Inn, et qui sont
criblés de trous. On les y entretient pour la vente plutôt qu'on ne
les engraisse en leur jetant tous les jours du pain de munition
découpé en petits dés. Un seul coup de filet en a amené 5 à
6 quintaux. Nous avons vu de très-belles pièces, une entre
autres du poids à peu près de 15 kilogrammes, qui vivait, nous
a-t-on dit, depuis plus de cent ans dans ces réservoirs. Ses
écailles étaient blanches, et elle nous a semblé plutôt maigre
que grasse. Ces carpes se conservent très-bien dans toutes les
saisons, on en a toujours de toute grosseur ; elles sont tarifées
depuis 2 jusqu'à 8 à 10 francs le kilogramme, suivant le poids,
la saison, la nature ou même l'absence de sexe dans l'individu.
Mais ces détails n'ont guère rapport qu'à la carpe ; il serait fort
avantageux d'avoir aussi des données sur l'engrais de la tanche ;
il faudrait donc étudier ses mœurs pour arriver à connaître la
nourriture qui lui convient le mieux, et pour la porter à cet
embonpoint si recherché par les gastronomes. La perche offrirait aussi beaucoup d'avantages à l'engrais ; c'est un poisson
essentiellement carnassier, il lui faudrait plus de nourriture
animale qu'à la carpe. Des débris de boucherie, des ventrailles
de poulets pourraient bien suppléer, pour cette espèce, les petits
poissons que nous ne croyons pas qu'il soit nécessaire de lui
donner en vie comme au brochet. Ce dernier a pour arme unique
sa gueule énorme qui saisit les poissons dans leur course ; mais
la perche n'a qu'une petite bouche et ne peut par conséquent
s'attribuer que de faibles proies. Ses armes, aussi défensives
qu'offensives, sont ses nageoires hérissées qui blessent d'abord
et tuent souvent pour consommer ensuite ; elle se nourrit de
poissons morts ou de débris d'animaux : mais une fois sortie
de l'eau et transportée à quelque distance, elle offre l'inconvénient de ne pouvoir y rentrer, parce qu'elle meurt presque
aussitôt ; inconvénient grave qui empêcherait qu'une fois dans

le panier et portée au marché, elle pût en revenir sans être
vendue. Peut-être en la conduisant en tonnette pourrait-elle au
retour rentrer en vie dans son réservoir.

Le brochet peut aussi s'entretenir et croître même, avec une
nourriture suffisante; mais comme il en est de la plupart des
animaux carnassiers, sa digestion est longue et il n'a pas besoin
de renouveler souvent sa pâture; il paraît qu'un seul repas
abondant suffit par mois à sa consommation et à son entretien.
Sa gueule énorme lui permet d'attaquer des poissons d'un volume
presque égal au sien; mais comme son estomac ni ses autres
viscères ne pourraient pas les recevoir, le poisson reste en partie
hors de sa gueule retenu par les crochets dont elle est armée,
et ne s'avale qu'à mesure que l'extrémité première avalée se
digère; de plus, il paraît ne rien consommer en hiver : cependant si on le garde dans des eaux de sources où la température
reste constamment de plusieurs degrés au-dessus de la glace, il
a encore besoin d'être nourri; sa conservation est en général
chanceuse et peut entraîner des pertes; il est d'un transport
difficile et il en coûte beaucoup pour le porter à l'état d'embonpoint qui augmente sa saveur et son poids. L'engraisseur
pourrait donc s'en tenir à la carpe, à la tanche, à la perche, et
se borner pour le brochet à l'empêcher de maigrir.

En général, le poisson de toutes les espèces consomme peu
en hiver; on l'engraisserait donc plus spécialement en automne;
cependant il est facile de l'entretenir en état pendant la saison
froide, parce qu'on est éloigné des saisons du frai où il s'agite
et maigrit, et que consommant très-peu, la nourriture qu'il
prendrait lui serait d'autant plus profitable. Son engrais offrirait
aussi alors plus d'avantages pécuniaires, parce que l'hiver est
l'époque où l'on recherche le plus les choses fines et délicates.

Mais si cet art est jusqu'ici peu avancé en Europe, il forme
en Chine une branche importante d'économie rurale; il y est
exercé par la plupart des cultivateurs qui engraissent aussi facilement leurs poissons que les nôtres leurs volailles; ils leur
donnent soir et matin du riz cuit, auquel ils ajoutent des restes
de légumes, tels que salades, choux et toutes feuilles comesti-

bles; ils leur jettent particulièrement celles de la *salvia palustris,* ou Sauge des marais qu'ils sèment et plantent souvent dans leurs réservoirs; ils font aussi consommer à demi dans de l'urine de la paille hâchée qu'ils pétrissent avec du limon des rivières ou de la terre glaise; enfin ils leur conservent avec soin pendant l'année des coques d'œufs pour l'hiver, époque où les débris de jardinage et les herbes manquent. Leurs poissons engraissés de cette manière, et particulièrement les perches, sont en état au bout de peu de temps d'être envoyés au marché. Sans doute la nourriture doit changer suivant l'espèce de poissons; mais nous pouvons la varier aussi bien que les Chinois; nos jardins nous fourniraient leurs dépouilles après notre consommation; nos graines de toute espèce, en les faisant cuire, suppléeraient leur riz, et nos marcs d'huile nous fourniraient les substances huileuses qu'ils jugent très-avantageuses pour aider à l'embonpoint qu'ils veulent obtenir.

Les détails que nous venons de donner sont extraits de la *Revue Britannique* et de développemens beaucoup plus étendus que nous avons sollicités et obtenus de M. Stanislas Jullien, habile philologue, qui a donné sur l'industrie des vers-à-soie en Chine des détails précieux. Qu'il reçoive ici nos remercîmens pour la bienveillance et l'empressement qu'il a mis à fouiller sa bibliothèque chinoise pour satisfaire à notre demande. Nous pourrions donner quelques passages de ses traductions, mais les dictionnaires chinois sont encore si imparfaits, que les mots spéciaux pour leurs espèces de poissons et de végétaux offrent toute incertitude dans leur application aux nôtres et jettent par conséquent dans la confusion. Et puis il paraît que les auteurs agronomiques chinois tombent volontiers dans de grandes exagérations, en sorte que les détails que nous avons reçus prouvent qu'on a beaucoup étudié et qu'on pratique avec succès l'art de l'engraissement de l'élève et de la conservation du poisson en Chine, qu'il est d'une exécution facile et surtout d'un produit net très-avantageux. Mais les procédés techniques indiqués sont peu précis; nous ne pouvons par conséquent y puiser que peu de lumières sur la pratique à suivre. M. Jullien a maintenant mission spéciale du gouvernement d'extraire des meilleurs ouvrages chinois, des détails d'art et surtout d'agriculture; espérons de la suite de ses recherches qu'il rencontrera des renseignemens plus complets et plus applicables sur le sujet qui nous occupe; l'extrême bienveillance qu'il nous a montrée nous donne la confiance qu'il nous les transmettra à mesure qu'il les trouvera.

Mais, dans l'état des choses, notre pays et des données acquises nous offrent déjà plusieurs moyens qui semblent devoir favoriser éminemment l'engraissement du poisson.

Le raisonnement nous conduit à penser, et les expériences de M. Vaulpré, médecin, ont prouvé que la séparation des sexes dans le brochet facilite beaucoup son engrais, tellement qu'il en a obtenu un produit cinq fois plus considérable lorsque les sexes ont été séparés que lorsqu'ils ont été mélangés comme à l'ordinaire.

Bien plus anciennement encore, lorsque les anciens fermiers de Dombes préparaient des carpeaux, c'est-à-dire des carpes sans sexe, pour envoyer à leurs maîtres, ils y joignaient des perches grasses qu'ils obtenaient en ne mettant dans leurs étangs que des perches mâles qui croissaient alors trois fois plus vite que si elles eussent été avec les perches femelles.

Il en serait probablement de même des autres espèces; le sexe du brochet n'est pas difficile à connaître; la forme générale, mais mieux encore la laitance et les œufs dont on fait sortir quelque portion en lui pressant doucement le ventre, peuvent servir à le faire distinguer.

Cette séparation forcerait, il est vrai, de multiplier les viviers; mais la différence de produit semble devoir être si considérable qu'on en serait amplement dédommagé : d'ailleurs un petit bassin ou pli de terrain qui aurait une source dans sa partie supérieure, permettrait de faire assez facilement des réservoirs nombreux. Lorsque la configuration du sol ne s'y prêterait pas, on pourrait sans beaucoup de frais creuser ces petits réservoirs; le poisson pourrait sans inconvénient y être nombreux, parce qu'on lui donne sa nourriture toute faite, toute préparée, tandis que dans les étangs où il doit vivre du produit naturel et spontané de leur sol en plantes et en insectes, il lui faut pour réussir beaucoup plus d'espace. Dans cette éducation domestique, il en serait du poisson comme des bestiaux, des vers-à-soie et de tous les animaux dont on fait l'éducation et l'engrais artificiels, et qu'on peut avoir en grand nombre dans les lieux où on leur fournit la nourriture.

D'ailleurs si on a un réservoir un peu grand, rien n'empêcherait qu'on y fît des séparations avec des grilles en bois, ou seulement même des clayonnages.

Et puis il est un autre moyen d'arriver plus facilement et plus profitablement au but. Ce moyen, nous l'avons déjà dit, consisterait à retrancher le sexe au poisson; employé pour tous les animaux que nous consommons, les bœufs, les moutons, les porcs et surtout les volailles, il facilite beaucoup l'engrais, rend la chair plus délicate et dispense des réservoirs doubles pour une même espèce, nécessaires si on laisse le sexe aux poissons.

Toutes les fois qu'on rencontre dans une pêche des brochets, des tanches ou des carpes dont le hasard a détruit les organes sexuels, ils sont toujours beaucoup plus gros et plus gras que leurs congénères de même âge. Ainsi, les carpeaux du Rhin et du Rhône, qui ne sont autre chose que des carpes mâles auxquelles le hasard ou l'industrie a retranché le sexe, sont renommés pour leur grosseur, leur graisse et leur saveur.

La castration se pratique en ouvrant le ventre par une incision longitudinale, et retranchant les organes générateurs, la laite dans les mâles et les ovaires dans les femelles. On réunit ensuite les lèvres de la plaie par un point de suture. La blessure est bientôt guérie, nous dit M. Stanislas Jullien dans ses renseignemens, et l'animal ne se ressent de cette opération cruelle que parce qu'il engraisse plus vite qu'auparavant.

Mais quelles portions d'organes faut-il retrancher? A quelle place faut-il faire l'incision? Avec quelle circonstance pour chacun des sexes et pour chacune des espèces qu'on voudrait ainsi traiter? Il y a là des procédés tout entiers à apprendre, mais qui ne seraient pas bien longs, bien difficiles à fixer. Toutes nos ménagères en Bresse les pratiquent sans danger pour leurs volailles ; autant en serait en Dombes pour les poissons. D'ailleurs nous avons vu que pour les carpes c'est un art déjà connu ; nous provoquons donc sur ce point dans notre pays des expériences qui devront être faites par des hommes auxquels leurs connaissances et leurs habitudes peuvent donner plus de facilité. La Société royale de l'Ain pourrait faire de la castration et de l'engrais des poissons le sujet de prix qui donneraient pour le pays d'utiles résultats.

D'ailleurs ces expériences n'y sont pas sans précédens : M. Bachet, médecin à Trévoux, qui pendant une longue vie s'est beaucoup occupé de choses utiles, avait fait plusieurs essais de castration de carpes dont une partie avait réussi ; la mort malheureusement l'a enlevé avant qu'il fît connaître ce que lui avait appris sa pratique. Ces expériences se font aussi ailleurs avec soin. Un homme honorable que la Société de l'Ain s'est empressé d'adopter pendant le court espace de temps qu'il a séjourné dans notre pays, M. Brochier, maintenant receveur-général des finances à Nîmes, connu par ses améliorations si remarquables dans sa propriété de Gap, a fait faire dans ses viviers des expériences sur le retranchement des deux sexes dans les carpes, qui, à ce qu'il paraît, ont réussi ; nous espérons qu'il nous fera profiter des résultats qu'il a obtenus.

Mais au moment où nous énonçons l'opinion que le dessèchement des étangs serait une mesure éminemment salutaire au pays, est-il nécessaire, nous dira-t-on, de chercher à augmenter leurs produits. Nous répondrons, qu'alors même que la conviction générale des propriétaires aurait amené ce dessèchement, quelques fonds toujours resteraient assolés en eau, en raison de leur position et de leur produit. Et puis l'industrie que nous cherchons à faire naître s'applique aux poissons de rivières comme à ceux d'étangs, et par conséquent elle peut recevoir une utile application aux poissons pêchés dans les rivières comme à ceux pêchés dans les étangs.

Lorsque cette industrie serait une fois établie, le Dombiste arriverait sur les marchés de Lyon avec ses carpes et ses tanches

engraissées, comme le Bressan arrive sur les nôtres avec ses
volailles. Plus souvent encore le pourvoyeur irait les lui prendre
à bord de ses viviers, comme il vient aussi chercher nos chapons
et nos poulardes. Le Bressan quadruple par l'engrais la valeur
de ses volailles, le Dombiste pourrait au moins doubler celle de
ses poissons.

Il nous reste une conséquence importante à tirer des extraits
des ouvrages chinois de M. Stanislas Jullien. Au milieu des
incertitudes sur les espèces de poissons et sur celles des végétaux
qui servent à les nourrir, en faisant même la part des exagérations où se sont laissé entraîner les écrivains du Céleste-Empire,
il reste plusieurs faits d'une incontestable évidence; c'est que
les Chinois placent un très-grand nombre de poissons dans de
petits espaces, que ces poissons y prennent en peu de temps un
grand développement dû à la nourriture qu'ils leur donnent, et
enfin qu'ils s'y engraissent au moyen de grains, de végétaux,
de débris animaux qu'ils sèment, plantent ou répandent sur le
sol de leurs étangs; on en doit conclure qu'ils n'ont point de
grands étangs, mais seulement des réservoirs multipliés autour
des maisons des cultivateurs; ils auraient donc amené l'élève du
poisson à devenir en quelque sorte domestique, comme ils y ont
amené celui de leurs vers à soie, et nous nos chevaux, nos
bœufs, nos porcs, nos gallinacés, et tous les animaux enfin
qui peuplent nos étables et nos basses-cours.

Cet élève leur est très-profitable, et comme ils n'ont pas de
grands étangs, le pays n'est point affligé de l'insalubrité qu'ils
entraînent toujours à leur suite. Les subsistances et le sol sont
rares et précieux en Chine, en raison de la nombreuse population; cependant l'emploi qu'on y fait de petites portions de sol
pour l'élève et l'engrais du poisson y est très-productif, puisqu'il
est presque général. Chez nous le produit relatif serait beaucoup
plus considérable, parce que le sol est encore à bon marché et
que les subsistances sont abondantes.

Pourquoi ne tenterions-nous donc pas d'imiter l'exemple des
Chinois? Nous élevons et engraissons nos animaux domestiques
dans de grands pâturages, mais nous les engraissons aussi et

plus promptement dans nos étables ; nous élèverions et engrais-
serions de même nos poissons comme eux dans nos viviers.
D'immenses Savanues, des Pampas sans fin, abandonnés aux
forces naturelles, font l'élève des bœufs et des chevaux de
Buénos-Ayres ; nos étables étroites, nos prés et nos pâturages
exigus d'Europe les voient au moins aussi bien réussir avec cent
fois moins peut-être de surface de sol. De même nos étangs sont
de petits lacs où nous abandonnons nos poissons aux forces naturelles avec un assez mince succès, puisque notre sol en étangs
nous produit dix fois moins peut-être de poisson que celui des
cours d'eau naturels des rivières. Faisons donc comme les
Chinois ; que nos diverses espèces de poissons deviennent de
nouvelles races d'animaux domestiques que nous gouvernerons
comme eux avec notre intelligence, et nous recueillerons l'immense avantage de créer une industrie rurale nouvelle et productive, et de remplacer nos grands étangs essentiellement
insalubres par de petits réservoirs qui rempliraient beaucoup
mieux le même objet, et dont la petite étendue et les bords
abrupts et non marécageux ne produiraient aucun résultat
fâcheux sur la grande masse d'air environnante. Le poisson des
grands étangs ne pourrait pas plus lutter avec celui de l'éducation domestique que la volaille et le bœuf maigres ne peuvent
le faire avec la volaille et le bœuf engraissés.

L'élève des poissons aurait lieu comme en Chine dans une
partie des réservoirs, et leur engraissement dans ceux mieux
placés sous la main. Tous recevraient de la nourriture, mais
plus abondamment sans doute ceux qu'on voudrait engraisser.
D'ailleurs, nous le répétons, ces animaux ne sont pas grands
consommateurs, et les substances qui leur profitent sont souvent
le rebut et les déjections des autres animaux domestiques. On
pourrait mêler les espèces, la tanche avec la carpe ; mais il
serait nécessaire que les poissons de même espèce fussent à peu
près de même grosseur, parce qu'autrement les plus gros op-
primeraient les plus faibles. Et puis rien ne s'opposerait à ce
qu'on employât encore ici la méthode de la séparation des sexes,
méthode qui, à ce qu'il semble, leur manque en Chine, et mieux

Ajoutons encore que cette industrie, par les excellens engrais qu'elle produirait en vidant les réservoirs, viendrait puissamment au secours des terres en labour, et compenserait avec usure ce qu'auraient pu faire perdre en engrais les débris de toute espèce donnés au poisson (1).

Remarquons bien que toutes ces probabilités que nous recueillons ici, que tous ces succès et produits que nous faisons espérer ne sont pas établis sur de simples conjectures. Les procédés que nous indiquons sont des méthodes populaires dans un pays dix fois plus étendu et plus peuplé que la France, et dans des contrées plus chaudes comme dans d'autres plus froides que les nôtres.

Il y a beaucoup de leçons d'économie rurale très-profitables à prendre dans ce pays. Dans beaucoup de provinces dont la population est double de celle de nos pays les plus populeux, le sol suffit d'ordinaire à la nourriture de ses habitans. Mais c'est à l'aide d'une agriculture perfectionnée dans toutes ses branches que, sans avoir la pomme-de-terre, ils sont arrivés à ce résultat remarquable; leurs exemples sont donc, sur beaucoup de points, très-utiles à suivre. Déjà nous leur devons l'une des plus grandes richesses de la France, l'éducation domestique des vers-à-soie; puissions-nous arriver un jour à leur devoir celle du poisson. Cette dernière serait sans doute moins enrichissante que la précédente; mais par compensation nous lui devrions en premier ordre, et comme plus grand bienfait, la salubrité de pays étendus dans lesquels leur éducation au moyen des étangs est devenue une source de misère, de maladie et de dépopulation.

(1) La végétation et la production d'animalcules sont incessantes dans ces réservoirs engraissés; leurs débris, ceux des alimens et surtout les déjections des poissons, doivent produire une masse d'engrais d'une grande énergie, et qui serait en rapport avec le nombre des poissons nourris. Or, nous pensons que l'étendue du réservoir d'engrais doit être à peine le trentième ou le quarantième de celle des étangs qu'il remplace L'engrais sorti du réservoir semblerait donc pouvoir suffire à toute l'étendue en terre de l'étang, puisque les déjections des poissons y suffisaient pour produire une bonne récolte d'avoine. Les détritus des alimens et la plus-value des déjections des poissons mieux nourris compenseraient, à ce qu'il semble, l'engrais fourni par le dépôt des eaux de l'étang, 20 à 40 fois plus considérables que celles du réservoir.

9

CHAPITRE XIX.

DU DESSÉCHEMENT DES ÉTANGS.

Nous arrivons à la grande question du desséchement; le conseil général de l'Ain, appelé à énoncer son avis sur ce sujet, a demandé à l'administration une enquête sur la matière. Une commission a été nommée, qui a exploré le pays et appelé, pour avoir leur avis et répondre aux questions proposées, les principaux habitans et propriétaires; elle a donc pu recueillir une masse importante de faits sur la question des étangs et de leur desséchement. On lui avait demandé un rapport et son avis sur ce sujet; elle a résumé les faits de l'enquête et ceux qu'elle avait personnellement recueillis, puis elle a émis une opinion motivée sur la question. Nous croyons devoir donner à la suite de notre écrit ce rapport, comme renfermant des documens importans sur le pays inondé et comme complétant beaucoup de points que nous traitons ici; nous en avons été le rédacteur, mais il a été entièrement discuté par la commission, en sorte qu'il exprime toute sa pensée, qui a presque toujours été unanime; nous renverrons donc, pour la section de notre travail qui devait traiter du desséchement, au rapport lui-même.

Ce rapport donne des détails étendus sur la conversion des étangs desséchés en terres labourables ou en prairies; mais il n'arrive pas toujours qu'on soit à portée de faire l'un ou l'autre travail. Lorsque le sol des étangs est d'une nature tenace et argileuse, la culture en labour offrirait beaucoup de difficultés; celle en étangs n'est pas avantageuse, et la charrue, à moins de chaulages très-abondans, n'en tirerait pas un parti beaucoup plus profitable. Cette nature de sol, le plus souvent, peut produire de bons bois, denrée dont le prix s'est partout élevé de manière à produire un revenu supérieur à celui de ces mauvais étangs et qui n'exige pas des avances considérables. Ainsi, dans une propriété qui contient douze étangs, nous en avons fait planter dix, et déjà le sol, jadis en eau, commence à verdir sous le feuillage des plantations; dans la place qu'occupaient naguère ces réservoirs d'eau insalubres, tristes à voir et d'un mince produit, la verdure vive et variée des différentes espèces d'arbres résineux commence à se nuancer pendant toutes les saisons. Si les derniers étangs ne sont pas plantés, c'est qu'il aurait fallu discuter judiciairement des prétentions au pâturage; le desséchement des étangs placés dans des contrées analogues offrirait peu de difficultés. D'ailleurs l'assainissement du sol des étangs est facile. Comme nous l'avons dit, la pente y est toujours nécessairement forte; un petit nombre de fossés pratiqués dans les parties basses et qui aboutissent à l'ancien bief, assainissent toute la surface. Avec une charrue Dombasle, attelée de quatre bœufs, et une douzaine de manœuvres, nous avons en trois jours assaini, de manière à ce que la pluie ne laissât pas une place inondée, 40 hectares d'étangs par des fossés dont la terre soulevée par la charrue était immédiatement enlevée à la bêche par les ouvriers. Ce travail a été promptement expédié et avec trois fois moins de frais qu'avec la bêche seule.

Toutefois, remarquons bien ici qu'il ne suffit pas d'assainir la surface du fonds de l'étang; ces fonds sont souvent entourés de fossés qui recueillent et conservent les eaux des terrains environnans; ces eaux s'infiltrent dans l'étang placé au-dessous d'elles, entre le sol labourable et le sous-sol, et nuisent aux plantations comme à toute culture; il est donc essentiel, dans l'un et l'autre cas, de saigner ces fossés et d'évacuer toutes leurs eaux par des rigoles qui les conduisent dans le bief de l'étang.

Ici se présente encore la question importante du béton dont nous avons parlé précédemment, et dont le rapport joint aux présentes s'occupe avec étendue; mais il ne traite la question que pour les terres labourables et les prés.

Pour planter son sol en bois, on se dispensera d'un défoncement général, parce que la dépense en serait trop considérable; mais il est absolument nécessaire, dans les creux où l'on plante, de défoncer dans toute l'épaisseur de la couche tassée, ce qui se juge

assez bien avec la bêche qu'on y emploie et qui éprouve moins de
résistance pour pénétrer le sol lorsque l'effet du tassement ne se
fait plus sentir. Si on ne prend pas cette précaution, il arrive
souvent que le jeune sujet, tout en reprenant, languit et craint
beaucoup la gelée. Cependant s'il résiste quelque temps, il vient
à bout, suivant l'espèce à laquelle il appartient, de percer la
couche tassée, et alors son succès est assuré. Le bouleau et le
pin du Lord sont les essences qui sont les moins exigeantes sur
ce point; mais le mélèse et le chêne ne font que languir lorsque
la plantation repose sur le béton. Le pin Sylvestre, l'épicéa et le
pin maritime craignent moins ce sous-sol imperméable; ce dernier d'ailleurs ne peut vivre dans nos climats : depuis dix ans trois
hivers lui ont été funestes et nous en ont détruit plus de cent
mille individus. En outre, dans les gelées sans neige sur ce sol
compacte, tassé et pénétré d'eau, lorsqu'il n'est point défoncé,
les plantations reprises de plusieurs années, les produits même
des semis naturels ou artificiels, alors encore qu'ils datent de
plusieurs années, s'arrachent par les gelées successives. Cet
accident arrive même dans les creux défoncés lorsqu'on plante
par un temps trop humide. Nous avons en 1831 planté trois fois
les mêmes sujets; une partie cependant a bien repris, malgré
les alternatives de gelées et de bises sèches qu'avaient essuyées
leurs racines arrachées et exposées à l'air dans les intervalles
de temps qui ont séparé leur replantation. Les racines des
acacias ont été presque les seules dont la gelée ait détruit la
vitalité. Ces accidens n'ont pas été particuliers aux sols d'étangs,
ils se sont encore montrés sur des terres de même nature en
pâturage que nous avions aussi plantées.

Malgré ces inconvéniens, qui sont loin d'arriver tous les
ans, la plantation en bois est ce qu'il y a de mieux à faire dans
ce sol, où d'ailleurs les étangs n'ont qu'un très-médiocre succès.
Après qu'une ou deux générations d'arbres ou même de bois-
taillis y auront passé, la terre soulevée par les racines des
grands végétaux se sera ameublie, sera plus productive et moins
difficile à travailler. Alors si les circonstances de position le font
juger avantageux, on pourra défricher avec succès, car dans

ces parties argileuses, comme ailleurs, les étangs occupent encore souvent le meilleur sol du pays ; et l'on sait que le sol argileux, ameubli et bien cultivé, est celui qui donne les récoltes les plus abondantes.

En attendant cette destination, sur 120 hectares d'étangs, s'élèvent maintenant des bois de toute essence, et se résout le grand problème de la culture et du produit des essences résineuses sur le sol argilo-siliceux du grand plateau de Bresse et Dombes, problème dont la solution intéresse tous les sols de même nature qui sont si étendus en France. L'un des grands obstacles que nous éprouvions consiste dans le tassement du sol. Les essences résineuses ont presque toutes besoin d'un terrain meuble, celui qu'elles trouvent dans leur patrie native. Ces plantations craignent aussi beaucoup le sol gazonné, parce que les racines du gazon luttent pendant l'été avec celles des jeunes essences transplantées, leur enlèvent l'humidité et l'aliment nécessaires à leur reprise, et les font ainsi périr en les affamant. Les jeunes plants qu'on veut établir sur une place gazonnée doivent donc être placés au milieu d'un creux de 50 à 60 centimètres de diamètre et séparés ainsi par 30 cent. de terre défrichée du gazon environnant ; d'ailleurs là où les essences résineuses ne réussissent pas, si des bouleaux sont voisins, la graine qu'ils envoient a bientôt garni le sol ; et déjà chaque année, dans les lieux où nous n'en avons ni semé ni planté, nous sommes obligé de défendre contre eux les jeunes mélèses et surtout les épicéas dont la jeunesse est si longue.

Dans tout le cours de cet écrit nous nous sommes occupé d'une manière générale de la question des étangs. Cependant nous en avons fait des applications plus spéciales à notre pays qui nous était mieux connu ; mais nos principes et nos remarques s'appliquent à tous les pays d'étangs en France, parce que les étangs en général, à l'exception de quelques-uns sur sol calcaire, sont tous placés sur un sol de même formation et de même qualité, le sol argilo-siliceux plus ou moins compacte ; ce sol est dû partout à une même et dernière formation ; il est partout composé des mêmes principes, a les mêmes défauts, les

mêmes qualités et peut se féconder de la même manière. Ainsi
dans tous les pays, sur ce sol en étangs comme sur celui qui les
environne, les amendemens calcaires peuvent porter la fécondité
ainsi que la salubrité. Dans toutes les contrées où on les em-
ploiera, ils feront rendre au sol labourable un plus grand produit
net; leur emploi amènera donc naturellement le desséchement
des étangs qui, partout, occupent le meilleur sol et la place des
prairies; il faut donc partout faire connaître leur effet, encourager leur emploi, et partout on arrivera au même but, à la
salubrité et à la prospérité du pays. Mais là comme ici, le
desséchement doit être amené par la conviction; si cette marche
pour arriver au bien est lente, elle en sera par là même plus
sûre et plus durable.

Dans le midi de la France, et particulièrement sur les bords
de la Méditerranée, se trouve un grand nombre d'étangs d'eau
salée ou saumâtre qui sont le fléau du pays par leur insalubrité,
ne donnent presque point de produits et couvrent une surface
très-étendue de sol de bonne qualité; leur fonds est presque
partout au-dessous du niveau de la mer, ce qui, jusqu'ici, a
empêché qu'on ne songeât à les dessécher. Mais les Hollandais
nous ont appris le parti qu'il fallait en tirer; ils ont desséché les
leurs et ces terrains sont maintenant le sol le plus productif du
pays. Mais ils ne s'arrêtent point dans la carrière qu'ils ont
entreprise; ils dessèchent maintenant la mer de Harlem, grand
lac d'eau de mer qui communique avec la marée haute; ils ont
attribué à cette opération 16 millions de francs. Avant d'entreprendre leur travail, ils ont sondé, dans toutes ses parties, la
profondeur du lac et se sont assurés qu'elle n'était guère en
moyenne que de 4 mètres. Ce qui les a décidés à ce grand travail, c'est que ce lac s'accroît tous les jours. On connaît l'époque de sa première formation au XIIIe siècle; depuis il grandit
d'une manière extraordinaire; ainsi, en 1532, il renfermait
6,585 arpens et maintenant il en a 20,000. Il est sans doute
très-difficile d'expliquer comment ce creusement a pu avoir
lieu, et de deviner ce qu'est devenu le sol qui manque en ce
point. On serait tenté d'attribuer cette immense faille de terrain

à un affaissement ; cependant, comme son premier effet est dû à une tempête, on admet plus généralement qu'il est le résultat de l'action des eaux. C'est autant l'intérêt de la ville d'Amsterdam, voisine de cette mer, que le désir d'acquérir 10,000 hectares de bon sol, qui ont fait décider ce desséchement dès long-temps en projet ; cette grande cité a craint que ce chancre, qui chaque jour s'agrandit, ne vînt envahir le terrain sur lequel elle est établie. Les machines à vapeur, inconnues à l'époque des premiers projets de desséchement, ajouteront beaucoup de facilité à cette opération ; la plupart des desséchemens anciens se sont exécutés au moyen des moulins à vent ; mais ils seraient insuffisans pour faire la première vidange de cette immense quantité d'eau. Quatre machines, chacune de la force de 300 chevaux, en soulèveront à la fois une masse qui représente celle de quatre rivières qui s'écouleront à la mer. La première opération faite, il ne faudra plus, pour évacuer les eaux de pluie et d'infiltration, qu'une force vingt fois, trente fois moindre peut-être, qu'on demandera au vent moteur qui ne coûte rien, plutôt qu'à la houille anglaise ou belge. Mais les grandes machines seront toujours prêtes pour débarrasser le sol des eaux que les grandes tempêtes de ces mers orageuses pourront encore pousser par-dessus les digues qui assureront la nouvelle conquête.

Ce projet est sans doute d'une difficile exécution ; mais les Hollandais sont un peuple patient, laborieux, actif et intelligent, qui réussit à tout ce qui est possible. Les capitaux ne lui manquent point parce qu'il sait les gagner, les ménager et les employer à propos. Il y a quelques siècles, leur pays était en grande partie sous les eaux de la mer haute ; ils l'en ont fait sortir par leur industrie, et l'en défendent par des digues et une surveillance de tous les instans.. Il leur restait de grands espaces dont le sol était au-dessous des marées basses ; ils en ont encore évacué les eaux et y recueillent les plus abondans produits ; imitons-les donc dans leurs travaux, leur patience, leur volonté ferme. Plaçons comme eux sur nos étangs maritimes dont le fond est au-dessous de la marée haute, des moulins à vent, et, s'il le faut, des machines à vapeur pour élever les eaux dans des.

canaux qui les envoient à la mer, et nous aurons comme eux des *polders* féconds qui produiront sans engrais d'abondantes moissons pendant des siècles. Dès long-temps, s'ils étaient à eux, nos marais, nos étangs des bords de la mer, seraient desséchés; car chez eux tous les sols de cette nature sont mis en valeur. Voisins de nos côtes de l'Océan, ils nous ont déjà desséché des marais considérables; appelons-les encore, s'il le faut, sur celles de la Méditerranée, et ils nous produiront d'aussi heureux résultats. Sans doute la France ne manque pas d'hommes industrieux, mais la pratique de l'art des dessèchemens nous manque. Adressons-nous donc à ceux qui ont créé cet art, qui l'exercent tous les jours dans leur pays, et qui vivent sur un sol artificiel que la mer recouvrirait sans les soins de tous les instans qu'ils y donnent.

RAPPORT DE LA COMMISSION D'ENQUÊTE,

SUR

LE DESSÉCHEMENT DES ÉTANGS ET L'ASSAINISSEMENT DE LA PARTIE
INSALUBRE DU DÉPARTEMENT DE L'AIN (1).

La Commission a senti toute l'importance et toutes les difficultés de la mission que l'administration lui a confiée ; elle avait
à apprécier dans ses principales circonstances l'état agricole et
particulièrement l'état sanitaire d'un pays entier ; elle avait à
proposer les moyens de l'améliorer sous ces divers points de
vue ; la tâche était difficile, mais des données nombreuses
avaient déjà été recueillies par ses membres : les uns, comme
médecins, avaient parcouru et étudié le pays sous le rapport
sanitaire ; d'autres, comme agronomes, s'en étaient déjà spécialement et depuis long-temps occupés ; tous le connaissaient à
l'avance, cinq y sont propriétaires, trois d'entre eux l'habitent,
deux font de sa culture leur spéciale occupation, et leurs exploitations sont citées pour leur grand succès ; enfin tous s'é-
taient préparés à leur mission en examinant avec soin les écrits
nombreux publiés de part et d'autre dans ce grand débat ; c'est

---

(1) Cette Commission était composée de MM. CHEVRIER-CORCELLES,
président du Tribunal civil de Bourg et de la Commission, membre
de la Société royale de l'Ain ; BOTTEX, docteur-médecin, président de
la Société royale d'agriculture et arts utiles de Lyon, correspondant
de celle de l'Ain ; HUDELLET, docteur-médecin, membre de la Société
de l'Ain ; PINGEON, JAÉGER, propriétaires, membres de la Société
d'agriculture de Trévoux, correspondans de celle de l'Ain ; THIÉBAUD,
docteur-médecin, secrétaire de la Société d'agriculture de Trévoux et
de la Commission ; et PUVIS, président de la Société d'agriculture de
l'Ain et correspondant de l'Institut, rapporteur.

avec ces données préliminaires que la commission a commencé ses opérations. La vue de cette contrée qu'elle a traversée en divers sens, alors que toutes les récoltes étaient encore debout, la visite dans le pays même de plusieurs établissemens agricoles importans, enfin les réponses obtenues dans les divers lieux aux questions nombreuses adressées aux personnes de chaque commune, partisans ou adversaires du desséchement, que l'opi⁻ nion désignait comme les plus capables, toutes ces circonstances ont pu fournir à la commission les élémens d'un travail motivé qu'elle produit avec quelque confiance, parce qu'il est le résultat d'un mûr examen et de sa conviction.

La Société d'agriculture de Trévoux avait désigné deux d ses membres appartenant aux deux nuances d'opinion qui divi⁻ sent la contrée, avec le désir qu'ils pussent assister à l'enquête ; la commission les a accueillis avec empressement, a arrêté qu'ils seraient admis à suivre comme témoins les développemens des questions et des réponses qui seraient faites.

Elle a dû, dès son début, se prescrire une marche qui mît de l'ordre, du calme et de la méthode dans son travail ; elle a donc arrêté, en commençant ses opérations, que les questions seraient faites aux diverses personnes isolément et individuel⁻ lement ; cette marche, elle l'a jugée nécessaire pour obtenir des réponses plus calmes, moins empreintes de passion, et qui surtout ne fussent pas influencées par la présence d'opinions contraires ou même analogues.

Des questions nombreuses et qui avaient toutes rapport aux diverses parties des informations que s'était proposées la com⁻ mission, avaient été préparées et envoyées à l'avance dans le pays ; toutefois, la commission, pour mieux employer le temps assigné d'avance à son opération, a cru devoir s'attacher plus particulièrement aux plus essentielles, négligeant des détails intéressans cependant à connaître, mais qui auraient pu dis⁻ traire son attention de sujets plus importans.

Elle ne s'est d'ailleurs pas rigoureusement renfermée dans le cadre des questions ; elle les a modifiées, restreintes ou éten⁻ dues, suivant les localités, la position et les connaissances de ceux qu'elle interrogeait, en les engageant à lui transmettre ultérieurement tous les développemens qu'ils croiraient utiles de produire; elle a donc pu réunir des renseignemens nombreux sur le sujet en discussion.

Plusieurs de ses séances se sont prolongées depuis 9 heures du matin jusqu'à 6 heures du soir sans désemparer ; dans plusieurs localités, et notamment à Marlieux et à Villars, la foule à interroger était nombreuse, et plusieurs jours en chaque lieu eussent été nécessaires pour les interrogations individuelles; mais les jours étaient donnés partout, et le travail devait se continuer suivant l'ordre indiqué; la commission s'est donc vue forcée de modifier sa marche en quelque chose, et de décider que l'enquête aurait lieu par commune, que dans chacune d'elles les habitans désigneraient deux personnes représentant chacune des deux opinions opposées, et que successivement chacune d'elles serait interrogée en présence de ses concitoyens de la même opinion, qui seraient admis au besoin à modifier les réponses faites, si leur pensée n'était pas d'accord avec celle des délégués : cette marche a accéléré le travail sans donner lieu à aucune discussion pénible, et a permis d'apprécier assez bien les opinions individuelles et même celles des masses.

Cependant à Châtillon la commission a éprouvé quelques obstacles dont elle doit rendre compte, la marche suivie dans les autres communes n'a pas paru convenable aux personnes qui se disposaient à prendre part à l'enquête; elles pensaient qu'elle devait être publique et offrir un sujet de discussion à ciel ouvert; en conséquence on fit préparer pour cela la grande salle du *Vauxhall;* la commission en arrivant fit changer ces dispositions, et donna connaissance aux personnes assemblées de la délibération qui avait décidé que l'enquête devait être isolée et individuelle ; toutefois, après quelques pourparlers, elle consentit à suivre la même marche qu'ailleurs, c'est-à-dire à faire l'enquête par commune; ce parti dont on avait eu à se louer ailleurs n'était pas ici sans inconvénient, parce qu'il était difficile d'obtenir des réponses calmes et réfléchies d'hommes agités, surtout en présence les uns des autres; mais la concession était nécessitée comme ailleurs par le grand nombre de personnes à interroger ; toutefois la condescendance de la commission fut sans résultat, on persista à exiger l'entière publicité avec *porte patente* et discussion publique. La commission n'a pas cru devoir céder, et sa persistance s'est trouvée complétement justifiée par la couleur qu'a prise la discussion, alors même qu'elle cherchait à faire entendre des paroles de conciliation ; en se retirant les opposans ont donné à la commission une protestation contre l'enquête, qui est jointe aux pièces.

Toutefois plusieurs personnes ont été successivement entendues ; le maire de Châtillon est venu faire, au nom des opposans de sa commune, une déclaration dans laquelle, avec des formes d'ailleurs pleines de mesure et de convenance, il demande le maintien du *statu quo*, en témoignant même le désir que le desséchement pût avoir lieu, mais qu'il fût facultatif et progressif, et qu'il fût le résultat du succès et de l'exemple des grands propriétaires.

Dans tout le cours de sa marche, la commission n'a pas dû oublier qu'elle ne devait énoncer aucune opinion, qu'elle devait les accueillir toutes, et que sa mission était d'éclaircir, autant que possible, les divers points difficiles de l'importante et délicate question des étangs.

Enfin, pour mieux apprécier le pays, elle a cru encore devoir visiter plusieurs exploitations, voir de près les étangs desséchés, les terres et les prés qui ont pris la place des eaux.

Avant que d'arriver aux grandes questions de salubrité et de desséchement, elle pense qu'il est à propos de résumer les observations qui résultent des documens de l'enquête, les notions qu'elle a recueillies sur la nature du sol du pays, sur ses qualités, sa forme générale, sa pente, et sur l'état des hommes et des choses ; tout cet ensemble donnera de l'étendue à son travail, mais elle a cru devoir ajouter du prix à ne rien laisser perdre des renseignemens principaux qui lui ont été fournis, parce qu'une occasion semblable ne peut que rarement se présenter.

§ I. — *Position et pente du plateau de Dombes.*

La Bresse et la Dombes font partie d'un même plateau qui, se rattachant jusqu'aux portes de Lyon, aux hauteurs de Calvire, va en s'abaissant du midi au nord, et se prolongeant sur Saône-et-Loire et le Jura; toutefois ses parties culminantes sont placées vers le Montellier, entre Chalamont et Meximieux; de ces points le plateau commence à s'infléchir vers le midi et les cours d'eau s'y dirigent, pendant que les plus considérables, ceux du centre du plateau, la *Chalaronne*, le *Moignan*, le *Renon*, l'*Irance*, la *Veyle*, ont leurs cours au nord-ouest, dans une direction presque contraire à celles des grandes rivières qui le bordent.

Les points culminans du plateau entre Chalamont et Meximieux sont à plus de 300 mètres au-dessus de la mer, plus haut que Fourvières, presque à la hauteur de Sainte-Foix; et ils sont de 130 mètres au-dessus des trois rivières, le Rhône, la Saône et l'Ain, qui le bordent au sud, à l'ouest et à l'est (1).

La pente du plateau est très-forte, plus forte qu'elle n'est en aucun pays de plaine, puisque la pente la plus faible, celle de la direction générale du plateau du midi au nord, celle qui existe depuis les points culminans du plateau de Dombes, entre Chalamont et Meximieux, jusque sur le plateau de Bresse à Bourg, est de 55 mètres, pente de près de 2 millimètres par mètre, quatre fois plus forte que celle du bassin du Rhône et du Rhône lui-même, avec tous ses rapides et son développement de 400 mille mètres de Genève à Lyon.

Mais si on considère la pente du plateau à partir de ces mêmes points sur l'est et l'ouest, elle est de près d'un centimètre par mètre, cinq fois plus considérable que celle sur le nord, et par conséquent vingt fois plus forte que celle du bassin du Rhône; mais ce bassin est celui qui a le plus de pente de tous les bassins de France, d'où il résulte évidemment qu'à moins d'appartenir

(1) Tableau des hauteurs des différens points du département au-dessus de la mer, par MM. Puvis frères.

à des montagnes, il est très-rare qu'un pays puisse avoir autant de pente que la Dombes; on doit donc être entièrement rassuré sur la pente nécessaire à l'écoulement de ses eaux.

§ II. — *Nature du sol des diverses parties du plateau.*

Le plateau tout entier semble dû à des formations contemporaines et de même nature; il se compose de couches successives d'argile, de marne, de gravier, sur lesquelles repose une dernière couche plus ou moins épaisse de terrain argilo-siliceux, qui laisse très-difficilement traverser l'eau.

La couche imperméable est beaucoup plus épaisse en Dombes qu'en Bresse, mais elle y est moins argileuse; en Bresse, sous une couche végétale de quelques pouces, apparaît immédiatement l'argile rougeâtre rayée de veines grises, qui, une fois pénétrée d'eau, n'en laisse point passer aux couches inférieures; la nature très-argileuse du sol et du sous-sol a forcé d'y découper le terrain cultivé en petites pièces bombées dans leur milieu, souvent de moins de dix ares, qui se débarrassent des eaux superflues des pluies par un système de fossés perpendiculaires dits *chaintres* et *baragnons.*

Cet état de choses qui se fait remarquer plus particulièrement vers l'extrémité nord du département, se modifie en s'avançant du côté du midi; la couche végétale perd successivement une partie de sa consistance, acquiert plus d'épaisseur, est moins compacte, et la couche rougeâtre de sous-sol présente moins de ces veines argileuses grises qui la nuancent; la partie nord du plateau, la Bresse, a heureusement pour compensation des prairies plus étendues, ses étangs desséchés dont elle a fait des prés, et ses terres calcaires, soit terres *mares;* sans ces circonstances elle serait notablement inférieure aux parties sud du plateau, et ses terres blanches froides sont loin d'offrir les mêmes ressources que celles plus au midi.

Déjà, à la hauteur de Bourg, la couche végétale est plus épaisse; le besoin de *chaintres* et de *baragnons* se fait moins sentir; les pièces cultivées sont plus grandes et ont moins besoin d'être bombées. En s'avançant vers Lent, les chaintres commencent à disparaître; on n'en voit plus à Chalamont, et il suffit du labour en planches dans le sens de la pente pour égoutter le terrain; aussi, dans les années humides, la Bresse est-elle beaucoup plus maltraitée que la Dombes; ainsi en 1816 toutes les récoltes du printemps furent absolument perdues en Bresse; on y récolta à peine la semence de pommes de terre, pendant qu'en Dombes on fut loin d'être aussi malheureux.

Dans ce sol de Dombes, plus léger que celui de Bresse, on sème beaucoup plus de seigle que de froment: mais presque partout, avec de l'engrais et un amendement calcaire, le froment réussit très-bien.

A mesure que ce sol augmente de profondeur, il croît en qualité, et la partie méridionale du plateau, celle qui verse ses eaux au midi, nous a semblé supérieure à celle qui verse au nord-ouest.

Ce qui caractérise d'une manière nette et précise la différence du sol de Dombes et de celui de Bresse, c'est qu'en Dombes déjà depuis *Chalamont,* les moutons réussissent très-bien et deviennent même, dans les parties méridionales, un puissant moyen d'engrais et d'amélioration, pendant qu'ils ne peuvent passer six mois en Bresse sans être atteints de pourriture; bien plus, dans les années humides, les jeunes élèves de bêtes à cornes sont atteints en Bresse de douves au foie, même maladie que celle de la pourriture des moutons; ils succombent bientôt à cette maladie, et nous avons vu de gros bœufs d'origine suisse en périr; pendant qu'en Dombes ces maladies semblent à peine connues pour les bêtes à cornes grosses ou petites, malgré leur pâturage dans les étangs: le sol et le pâturage en Bresse sont donc plus humides qu'en Dombes.

La surface du plateau est en général très-accidentée, elle est presque partout ondulée et partagée en petits bassins; on a profité de cette forme pour établir des étangs dans ces plis de terrain; dans l'engouement où l'on était de ce mode de culture, on a voulu en établir jusque dans les bassins peu ondulés, et pour leur donner assez de profondeur, on s'est vu obligé de faire, outre la chaussée principale, deux chaussées latérales, dites *chaussons* perpendiculaires à la première, afin de diminuer l'étendue des parties de l'étang sans profondeur.

Dans la partie nord du plateau de Bresse, les étangs étaient moins grands, parce que les grands plis de terrain y sont occupés par les bassins des petites rivières; ces étangs ont été presque tous desséchés et forment des prés d'assez bonne qualité; en Dombes et dans la partie inondée de Bresse, ils couvrent encore plus du sixième de l'étendue du sol.

Le pays inondé renferme à peu près 67 lieues carrées de 4,000 mètres de côté ou de 1,600 hectares; les étangs couvrent 20,000 hectares de terre sur les 107,000 du pays d'étangs; de cette étendue de 67 lieues, 52 appartiennent à la Dombes et 15 à la Bresse; il est bien remarquable qu'en Bresse la salubrité disparaît, et l'insalubrité commence là où le desséchement s'est arrêté; la ville de Bourg est saine, mais à une demi-lieue au midi commencent les grands étangs et les fièvres apparaissent.

On peut encore remarquer que les 15 lieues carrées de pays inondé qui appartiennent à la Bresse, sont plus fiévreuses que la partie inondée de Dombes; on peut s'expliquer ce phénomène par la plus grande imperméabilité du sol.

La Bresse a conservé des étangs sur quelques points; mais le pays qui les environne y est moins sain qu'ailleurs; c'est ce qui se remarque dans la commune de *Foissiat* autour des étangs conservés, dans celle de *Polliat* et dans celle de *Saint-Nizier-le-Bouchoux*, où la salubrité reparaît lorsque les étangs sont en assec.

On doit bien admettre comme certain, et l'expérience l'a prouvé dès long-temps en Bresse, que le terrain des étangs, formé de petits vallons, devait être le meilleur du pays; par sa position, il avait toujours dû recevoir les graisses et les terres des fonds supérieurs; et les parties les plus basses formaient des prés qui devaient être de bonne qualité, puisqu'ils recevaient les eaux des meilleurs fonds; d'ailleurs leur sol n'a jamais pu être marécageux, puisque sa pente est toujours assez forte pour qu'en peu de jours les masses d'eau qui le couvrent s'écoulent

assez complètement pour pouvoir labourer, et pour qu'au moyen
de quelques raies d'écoulement, on puisse y pratiquer facilement toute espèce de culture dans l'année d'assec.

§ III. — *Sources, puits et cours d'eau.*

Les sources sont rares en Dombes; on en trouve cependant
quelques-unes au bas des fortes pentes; un petit nombre surgit
dans quelques étangs placés dans les parties basses du sol; elles
y forment ce qu'on appelle des *fontaneaux;* mais avec des fossés
qui font arriver leurs eaux dans le bief de l'étang, tout le sol
est assaini et on le cultive dans toutes ses parties; on trouve
aussi des sources sur le bord des bassins des cours d'eau; elles
y donnent naissance à des prairies marécageuses; elles formaient
dans la prairie de Sainte-Croix des marais qui ont été à peu près
desséchés.

On ne peut donc pas compter sur les sources pour les besoins
de la population; mais partout on rencontre des puits qui
donnent généralement de l'eau de bonne qualité; il est peu de
points sur lesquels les déclarations aient été plus souvent d'accord que sur ce sujet; les eaux des puits sont bonnes, tarissent
rarement; elles sont mauvaises lorsqu'elles viennent d'infiltrations, mais en creusant on arrive toujours à en trouver de
bonnes, c'est là la déclaration à peu près univoque; quelques-
uns ont cru remarquer que leurs eaux sont d'autant meilleures
et plus abondantes que la sécheresse est plus forte, mais cela
est peu vraisemblable; nous pensons que cette opinion s'est
établie sur ce que, dans la chaleur, les eaux paraissent plus
fraîches.

Quelques puits semblent recevoir l'eau de l'infiltration des
étangs, et baissent ou tarissent quand ils sont à sec; mais ces
puits sont très-rares; ils deviendraient bons en les creusant
davantage : on cite un puits de 100 pieds de profondeur, au
milieu d'étangs immédiatement voisins. Dans un même canton,
et souvent à peu de distance, ils sont de profondeur très-inégale,
et l'on trouve des puits qui ont souvent une profondeur double

10

de celle des puits voisins; il en résulte que les formations inférieures du sol ne sont point horizontales, et que les couches
de même nature et les couches aquifères sont à des distances
très-inégales de la surface; la même chose se remarque en
Bresse.

D'ailleurs la forme ondulée de la surface du sol se transmet
quelquefois jusque dans les couches de l'intérieur; dans ces
couches les mêmes lois de superposition se font généralement
remarquer, et les eaux se trouvent presque toujours dans un
gravier siliceux au-dessous de la première couche d'argile.

La rareté des sources en Dombes a pour effet immédiat la
rareté des marais; les marais sont presque tous formés par les
eaux intérieures qui sourdent à la surface; mais ce serait là des
sources qui manquent au pays; ils ne peuvent pas davantage
être formés par les eaux des pluies qui resteraient sans écoulement sur la surface, puisque nous avons vu que la pente était
partout très-forte.

Mais si les eaux de la surface, ni celles de l'intérieur ne font
pas des marais, on en a fait en revanche de très-nombreux avec
l'eau des étangs, au moyen des chaussées qui les retiennent;
cependant ces étangs, lorsqu'ils sont indépendans, ont une
pente énorme égale à la hauteur de la chaussée : partout donc
en Dombes le sol a son écoulement, et les terrains marécageux,
à l'exception du marais des Echets, ne se trouvent qu'au fond
du bassin des rivières et au bord des étangs.

Par la même raison qu'il y a peu de sources en Dombes, il
s'y trouve peu de cours d'eau; cependant la *Sereine*, le *Renom*,
le *Moignans*, la *Chalaronne*, l'*Irance*, la *Veyle*, et un assez grand
nombre d'autres plus petits ruisseaux qui s'alimentent des eaux
des pluies et des étangs sillonnent le pays; mais la plupart de ces
cours d'eau sont faibles dans leur origine.

Lorsque ces cours d'eau coulent dans des vallées un peu
profondes, ils mettent à découvert, sur les deux côtés du bassin,
des couches de marne qu'on a en général peu employées; et le
niveau du sol arrive à une couche où les sources sont souvent
nombreuses : ces sources augmentent le volume des eaux des

ruisseaux ; mais lorsqu'elles ne sont pas convenablement diri-
gées ou contenues, elles rendent marécageuses les prairies du
fond des bassins.

§ IV. — *Prés, trèfle.*

On ne voit guère de prés en Dombes que dans les bassins des
rivières, en sorte que les quatre cinquièmes des communes en
sont en plus grande partie dépourvus ; les étangs les ont tous
envahis : cet état de choses a détruit toute source d'engrais, et
par conséquent tout moyen de fécondité ; la contrée s'est trouvée
ainsi réduite à l'assolement général, devenu nécessaire, d'une
jachère tous les deux ans, suivie de seigle et quelquefois de
froment ; cette jachère tire de ce sol tout le parti que permet le
manque d'engrais ; on n'en fume qu'une petite portion et le
fumier se réserve spécialement pour les terres voisines des
habitations dites *verchères,* où le fermier, après le froment,
cultive du chanvre, du maïs, des pommes de terre, du colzat.
Le produit de ces verchères d'une même nature de sol que le
reste du terrain, prouve tout le parti qu'on pourrait en tirer si
on appliquait à tout l'ensemble de la ferme, la même somme
relative d'engrais et de travail.

Les prairies artificielles, ou plutôt le trèfle, ne réussissent
guère que dans les verchères (le sol est trop épuisé ailleurs),
mais on ne l'y sème qu'en petite quantité, parce que le fermier
a des besoins plus pressans de menus grains pour sa nourriture ;
l'esparcette ne peut venir dans ces sols siliceux ; la luzerne n'y
est encore qu'en essai ; mais il semble que dans la partie méridionale surtout le sol soit assez profond pour la faire réussir.

§ V. — *Bestiaux, pâturages.*

Les fermes sont en général très-étendues ; elles ne renferment
qu'un assez petit nombre de bestiaux, le plus souvent en mauvais état, parce qu'on leur demande beaucoup de travail et qu'on
les nourrit peu ; pendant l'hiver, ils vivent d'une petite quantité

de fourrage auquel se joint la paille d'avoine ou de seigle ; on réserve pour les bœufs le meilleur fourrage qu'ils consomment principalement au printemps, pendant la semaille pénible des avoines.

Lorsque les bestiaux ont *échappé* à l'hiver (c'est l'expression connue), ou plutôt lorsque la neige a disparu, on les envoie dans des pâturages étendus où ils attrapent ce qu'ils peuvent, en attendant la pousse de l'herbe du printemps ; cependant bientôt les étangs leur donnent, pendant six semaines ou deux mois, une nourriture assez abondante mais peu substantielle, à laquelle on est obligé le plus souvent d'ajouter un supplément à l'écurie ; les bœufs de labourage ont ordinairement des pâturages spéciaux pour les soutenir pendant leur travail.

La commission doit déposer ici un renseignement donné par un grand nombre de personnes recommandables, mais qu'elle n'exprime pas sans un sentiment pénible ; les bestiaux sont conduits dans les pâturages par des enfans de douze à dix-huit ans : ces malheureux, après avoir passé la journée aux travaux de la ferme, le soir prennent un morceau de pain dans leur poche, et conduisent au pâturage les bêtes de travail qui ont fini leur journée ; là, par tous les temps de pluie, de froid, d'orage, sans abri, enveloppés quelquefois d'une mauvaise couverture, ils passent la moitié de la nuit couchés sur le sol ; en rentrant, ils trouvent la porte de la maison ouverte, et vont réparer leur fatigue avec une écuelle de soupe froide qui leur a été laissée ; ils gagnent à la fin leur lit dans lequel, avant cinq heures du matin, ils sont éveillés pour recommencer le travail de la journée. On plaint avec raison les Nègres des colonies, on s'appitoie sur le sort des enfans employés dans les manufactures, mais sont-ils donc aussi malheureux que ces pauvres enfans de notre pays ? Aussi leur mortalité est effrayante ; M. Rivoire, long-temps maire et maintenant juge de paix à Chalamont, en confirmant tous ces détails, attribue en grande partie à ce malheureux emploi des enfans le petit nombre de conscrits de chaque année dans son canton. Lorsque ces enfans ne succombent pas aux atteintes successives des fièvres, ces maladies ne leur laissent qu'une existence courte et malheureuse ; une partie des enfans du pays a passé par ce terrible apprentissage ; c'est là une grande cause de la faiblesse de la population.

Mais cette consommation d'enfans ne porte pas tout entière sur ceux du pays, les fermiers dispensent, quand ils le peuvent, les leurs de ce rude métier ; les enfans pauvres de Bourg et des environs, attirés par l'appât d'un gage plus fort, vont se faire décimer par ce régime et ce climat, et reviennent mourir dans les hôpitaux ou dans leurs familles.

§ VI. — *Pâturage des étangs.*

La commission peut, au moyen des renseignemens qui lui ont été fournis, préciser le secours de pâturage qu'offrent les étangs ; un étang de 100 coupées (6 hectares 2/3) peut nourrir, avec supplément à l'écurie, six à dix têtes de bétail à cornes, ou trois ou quatre chevaux, pendant les six semaines ou deux mois de printemps que la brouille *(festuca fluitans)* pousse et renouvelle ses tiges à la surface ; cet avantage recommence au mois de septembre, au retour des fraîcheurs, lorsque les eaux reviennent couvrir les bords des étangs délaissés pendant la chaleur. Les réponses ont été presque unanimes sur ce point, et ces résultats doivent servir à rectifier l'article de la Statistique qui dit qu'un étang de cette étendue peut nourrir quarante têtes de bêtes à cornes.

§ VII. — *Bois, plantations.*

La nécessité d'avoir de grands pâturages en Dombes pour remplacer les prés, nourrir les bestiaux pendant les trois quarts de l'année, a amené la presque entière disparution des bois ; les taillis abandonnés aux fermiers pour leur chauffage ont été successivement détruits, et sont devenus des pâturages où quelques bouleaux sont le seul produit pour le maître, après toutefois que le fermier y a pris son charronnage et ses sabots.

Les plantations de peupliers et d'autres essences ont réussi

généralement d'une manière médiocre ; les frênes viendraient
encore en quelques portions de sols frais et meubles ; nous avons
vu çà et là , près des habitations , des arbres résineux assez bien
venans ; le pin du Lord , l'épicéa et le pin Sylvestre réussiraient
mieux que le mélèze et surtout que le pin maritime , que nos
hivers tuent , et que le Laricio qui craint un peu le froid ; on
trouve quelques bouquets anciens de pins Sylvestres bien venans
dans la commune de *Chanoz-Chatenay* et ailleurs.

Les chênes et le bouleau paraissent être les essences qui réussissent le mieux ; malheureusement les bestiaux ont trop resserré
l'espace qui leur était destiné ; la Dombes a encore du bois pour
chauffer sa rare population , mais si elle venait seulement à
atteindre la moitié de celle de la Bresse , c'est-à-dire à doubler la
sienne , elle devrait aussi doubler l'étendue de ses bois en réserve , tant pour son chauffage que pour ses constructions.

§ VIII. — *Amendemens calcaires , chaux , marne , cendres.*

En général, on cultive assez bien en Dombes le sol en jachère,
et cette préparation obtient presque toujours de ce sol épuisé des
récoltes passables ; sans doute avec ce système le sol va toujours
se dégradant, et si de nouvelles circonstances et des modifications dans la culture ne survenaient pas , il en amènerait à la fin
l'épuisement absolu.

Heureusement des élémens nouveaux de fécondité s'annoncent pour ce pays ; l'amendement de la chaux , des cendres , aidé
des labours de la charrue Dombasle, semble avoir métamor-
phosé toutes les parties du sol auquel on l'a appliqué ; le froment
y a remplacé le seigle et a produit trois , quatre , jusqu'à cinq
semences de plus ; le trèfle , le colzat , les pommes de terre , ont
pris la place de la jachère ; cet amendement enfin semble réparer l'épuisement de plusieurs siècles ; cet effet de la chaux et des
cendres est encore un point sur lequel l'enquête est à peu près
unanime : beaucoup préfèreraient les cendres comme donnant à
la fois l'engrais et l'amendement ; d'autres trouvent à la chaux
plus d'act vité.

Il est remarquable que pendant qu'en Bresse la chaux donne deux à trois semences de plus, en Dombes elle produit souvent un effet double, ce qui ne peut s'expliquer que par un sol plus profond et de meilleure qualité, travaillé par la charrue Dombasle; cet instrument accompagne maintenant presque partout l'amendement de la chaux; ceux qui ne se le sont pas procuré ont acheté le coutrier de Provence, soit charrue de Montélimart, de forme analogue (1).

Pour croire à ces effets tout-à-fait étonnans de la chaux il faut les voir; les blés de M. *Guichard*, à Sure; de MM. *Greppoz*, père et fils, au Montellier et à Villars; de MM. *Digoin*, à Ste-Croix; *Bodin*, à Montribloud; *Catimel*, à Marlieux; *Jaëger*, *Pochon*, à Chalamont, et ceux de peut-être deux cents autres exploitations, viennent dans une année médiocre d'offrir les plus beaux résultats; M. *Guichard* entre autres, à Sure, dans des terres en partie défrichées depuis peu et dans un étang desséché, a semé 360 boisseaux de 25 litres chacun dont le produit s'annonçait devoir dépasser 4,000.

Les crucifères surtout, colzats, choux, navettes et raves, paraissent beaucoup favorisées par cet amendement; avec lui les légumineuses telles que le trèfle, les vesces d'hiver et de printemps, réussissent à souhait; les fourrages-racines, les betteraves, les pommes de terre donnent d'abondantes récoltes.

Mais une amélioration ne marche pas seule; la faulx pour la moisson remplace la lente faucille, et expédie l'ouvrage trois fois plus vite, en donnant un surplus de paille sans égrener, à ce qu'il semble, plus de grains; le buttoir, la houe à cheval font presque toute la main-d'œuvre des récoltes sarclées; dans leurs terres profondes, bien labourées, et moins argileuses qu'en Bresse, le travail des récoltes sarclées peut se faire souvent dans deux directions perpendiculaires, et par conséquent se passer de la culture à la main, ce qui ne peut avoir lieu en

(1) On trouve cette charrue à Lyon au faubourg de la Guillotière; on la fabrique aussi en Dombes, et même à Bourg, vis-à-vis la caserne de gendarmerie.

Bresse; enfin si, comme nous avons lieu de l'espérer, les améliorations en Dombes se soutiennent et prennent de l'étendue,
l'agriculture de Bresse pourra bientôt aller y prendre des leçons
de plus d'une espèce.

Mais cette fécondité apportée par la chaux ne serait qu'éphé-
mère; elle userait les dernières forces d'un sol épuisé, si des
masses d'engrais, préparées avec les produits, ne viennent lui
rendre une partie, du moins, des sucs qu'il a fournis; en
Dombes plutôt qu'ailleurs se vérifierait le proverbe que la chaux
n'enrichit que les vieillards; pour soutenir donc la fécondité
reparue, il faut que des assolemens réguliers ramènent les
fourrages-racines, betteraves, raves; que les vesces d'hiver et
de printemps viennent alterner avec le trèfle, qui ne peut
paraître avec avantage sur le même sol que tous les six ans au
plus.

Il ne suffira pas dans ce sol chaulé de doubler la masse des
engrais, puisque dans la plupart des exploitations la jachère
n'était qu'en partie fumée, et que ce qui l'était ne recevait pas la
moitié de ce qui lui eût été nécessaire; il faudrait la tripler au
moins; M. *Guichard* a senti ce besoin, il a ajouté à l'engrais que
lui fournit la consommation du fourrage de ses prés nouveaux,
de son trèfle et de ses pommes de terre, une fabrique d'engrais
Jauffret dans laquelle il fait consommer tous ses débris ligneux,
les pailles de colzats, navettes, les fanes de pommes de terre; il
emploie en outre avec avantage les engrais végétaux; une partie
de son beau froment a été fumée avec une double récolte de blé
noir enterrée dans le sol.

Ajoutons que ce n'est pas assez pour cette agriculture des
engrais que lui fourniraient ses fourrages racines et ses légumineuses; le trèfle dans nos contrées éprouve presque chaque
année des sécheresses méridionales et ne donne souvent qu'une
première coupe; les vesces de printemps, par les mêmes raisons,
restent souvent faibles et petites, et donnent du grain sur de
faibles tiges; l'agriculture du nord avec ses printemps humides
peut se passer de prés, mais la nôtre ne le peut que difficilement,
en raison de la casualité des deuxièmes et même des premières

récoltes de trèfle ; les prés sont donc un élément nécessaire à notre agriculture, et la Dombes doit à tout prix en établir ; et ces prés elle peut et doit les trouver dans les bassins de ses meilleurs étangs.

La commission a vu avec regret que la marne n'est presque nulle part employée ; cependant en Dombes comme en Bresse , une couche de marne semble devoir aussi se rencontrer à une certaine profondeur dans le sol , puisque on la trouve et souvent très-riche en affleurement dans la plupart des bassins qu'ont creusés les cours d'eau qui sillonnent le pays , et dans toutes les communes qui bordent les plateaux sur les pentes qui conduisent à la Saône ; on la trouve entre autres à *Châtillon* , *Rigneux* , *Chalamont* , *Cordieux* , *Sainte-Croix* , *Civrieux* , etc.

C'est à l'aide de la marne que M. *Pingeon* , à Chalamont , a obtenu les grands succès qui font de son exploitation une ferme exemplaire ; pendant que la chaux demande des avances de capitaux le plus souvent au-dessus des forces du fermier, la marne ne demande qu'un peu de main-d'œuvre et des charrois, moyens toujours à la portée des cultivateurs.

§ IX. — *Béton des étangs.*

La commission a fait porter sur ce sujet un grand nombre de questions ; elle l'a jugé important parce qu'il est nouveau , qu'il n'a été traité que depuis peu par les écrivains qui se sont occupés des étangs , et qu'il renfermait encore beaucoup de points douteux , qui semblent maintenant éclaircis par les réponses qu'a obtenues la commission.

L'imperméabilité du sol est loin d'être absolue en Dombes ; pendant l'été les eaux des étangs , sans couler par les bondes ni par les chaussées , baissent d'une quantité double au moins de celle que l'évaporation leur enlève ; on s'accorde d'ailleurs à reconnaître que le fond des étangs neufs ne tient l'eau convenablement qu'au bout d'un certain nombre d'années ; enfin les mares soit *serves* des domaines , lorsqu'elles sont nouvelles , s'assèchent pendant l'été, et plus tard retiennent mieux l'eau ;

ainsi donc l'imperméabilité de notre sol d'étangs est loin d'être absolue, et elle est susceptible de s'accroître beaucoup par le séjour des eaux; le poids de l'eau que supporte le sol le presse, le tasse, et il se forme immédiatement sous la couche labourable une couche plus dense qui porte le nom de bêton, et qui s'oppose avec plus ou moins de puissance à la filtration de l'eau dans le sous-sol; la couche végétale elle-même subirait un plus fort tassement si la charrue ne la rompait souvent, et si les débris animaux et végétaux qu'elle contient ne tendaient à affaiblir le résultat de la pression de l'eau; d'ailleurs la couche de sous-sol, sur laquelle elle repose immédiatement, à chaque labourage est foulée sur toute sa surface par les hommes, les animaux et le talon de la charrue; ce qui tasse et serre beaucoup plus les premiers pouces de bêton que les suivans.

L'épaisseur de la couche de terre végétale est de 5 à 6 pouces; celle de la couche de sous-sol tassée, d'après les déclarations de toutes les opinions, est en moyenne de 5 à 7 pouces, après lesquels on arrive à un sol formé d'un sable argileux qui ne se ressent plus de la compression de l'eau, en sorte qu'il suffit de pénétrer en moyenne à 12 ou 13 pouces pour rompre le bêton.

Ce bêton se compose d'ailleurs presque uniquement, sur toute l'étendue de l'étang, à l'exception de ses rives inclinées, de terres amenées par les eaux, qui deviennent fécondes lorsque elles sont ameublies; aussi depuis un certain nombre d'années on a introduit l'usage de donner tous les six à huit ans une jachère aux étangs; cette jachère consiste particulièrement dans un labour de six à huit pouces de profondeur qui rompt la partie la plus tassée du bêton, renouvelle la couche végétale de l'étang, et permet d'y semer une récolte de froment dont le succès est assuré; tous les renseignemens concordent sur ce point; alors l'étang reste deux années de suite en assec; cependant lorsque pour donner cette jachère on pêche l'étang dans le mois de mai ou au commencement de juin, les effluves de ce sol d'où l'on évacue les eaux sous l'influence du soleil d'été, sont dangereuses pour la santé des hommes; Marlieux attribue à cette cause la mortalité plus grande qu'il a essuyée en 1837 et 1838.

Ces pêches d'été ont lieu dans un double but : le premier, de vendre le poisson plus cher; le second de donner une jachère d'été; elles se sont surtout multipliées sur les deux bords du plateau d'où le poisson peut être transporté aux rivières voisines avec moins de danger. On conçoit que ce sol pénétré d'eau, frappé par le soleil d'été et remué par la charrue au milieu des chaleurs, ajoute beaucoup à l'insalubrité ; il serait peut-être convenable que l'administration s'en mêlât et qu'elle empêchât ces pêches d'été depuis le 30 avril jusqu'au 15 septembre; puisqu'on lui reconnait le droit de défendre les rouissages dans l'eau comme insalubres, rouissages qui ont cependant en leur faveur un long usage, il serait difficile de lui contester celui d'empêcher les propriétaires d'étangs d'accroître par leur pêche d'été, en sortant des usages anciens, le mal qu'ils produisent dans la contrée.

La jachère, accompagnée de défoncement, est regardée comme tellement avantageuse, que le propriétaire de l'*assec* ou du sol en culture donne pour indemnité à celui de l'*évolage* ou du poisson, privé par la jachère de sa jouissance d'eau, pendant les deux tiers ou les trois quarts d'une année, un quart du produit en froment sans déduction de semence, sans compter que le produit en poisson, après la jachère, est encore plus considérable.

§ X. — *Ancien état de la Dombes.*

Les villages et les habitations principales se sont en général placées près des grandes inflexions de terrain, parce qu'on trouvait dans leurs bassins le meilleur sol du pays et des prairies pour nourrir les animaux de travail.

A l'époque où la contagion de l'exemple et des produits faciles et avantageux conduisirent à faire des étangs sur les parties de sol qui s'y prêtaient, on couvrit d'eau ces terrains et on en fit les étangs les plus productifs; ainsi l'étang de *Sure* forme une ceinture autour du mamelon sur lequel est placé le château ; ainsi le château de *Montribloud* était entouré d'étangs, maintenant desséchés; Marlieux est enveloppé par un grand étang; Saint-Trivier touchait immédiatement l'étang de ce nom; Villars était enveloppé par l'étang neuf.

Mais il est probable que ces grands fonds furent couverts d'eau les derniers, parce que c'étaient les fonds les plus précieux à l'agriculture, et qu'en les inondant on perdait à la fois les meilleures terres et tout ce qui restait de prairie; il est même à croire que beaucoup d'habitations étaient placées dans ces bassins; ainsi on voit encore le château de Bouligneux placé au milieu de son étang, et qui n'est abordable que par une chaussée; et l'on rencontre souvent dans les étangs des débris d'habitations anciennes. M. Greppoz fils a trouvé dans une de ses chaussées une chambre à moitié démolie, dans laquelle étaient des pots de terre encore entiers.

Dans le fond des étangs, souvent à plusieurs pieds de profondeur, on rencontre des briques, d'anciens débris, des bois travaillés, qui prouvent, comme nous l'avons dit, que les terres depuis long-temps ne cessent de s'y accumuler; mais si le fond des étangs s'est enrichi, il n'en est pas de même de leurs rives en pente; ces rives sont sans cesse battues par les eaux, et l'effet nécessaire de cette action consiste à soulever la terre, à la délayer et à l'entraîner avec le flot au moment où il redescend après s'être élevé; aussi ces rives sont souvent arides, et particulièrement celles exposées au midi, parce que les vents du midi, plus forts et plus fréquens, y donnent plus de force aux flots pour soulever et entraîner les terres.

Il résulte encore des réponses faites par des personnes de toute opinion, qu'on rencontre dans les terres, les pâturages et les bois, des vestiges de culture ancienne, des débris de démolitions, des traces d'habitations nombreuses, qui signalent d'anciennes maisons détruites; la génération actuelle a vu démolir des tours, des châteaux, anciennes demeures féodales, qui attestaient la puissance et la richesse de ceux qui les habitaient; dans la plupart des villages, maintenant presque déserts, on voit des églises dont l'étendue est sans rapport avec la population actuelle, celles de *Versailleux, Marlieux, Saint-Paul,*

Bouligneux, le Montellier, contiendraient une population triple; Saint-Paul et le Plantay possédaient des couvens des deux sexes; tout enfin dans le pays recèle encore les vestiges d'une population nombreuse et aisée.

Sur tous les points du pays on trouve des faits à l'appui de cette opinion; ainsi la famille de Belvey possédait aux environs de Chalamont la propriété de Biard : cette propriété avait un château habité par son propriétaire qui y vivait avec sa famille; elle était cultivée par plusieurs fermiers et leur famille, et possédait entre autres une vigne, où l'on recueillait annuellement vingt pièces de vin. Cette propriété, par la suite des temps, la dépopulation, s'était réduite à un domaine de 400 francs de revenu, dans lequel le fermier ne pouvait pas payer; elle a été par cette raison vendue depuis peu par M. de Lateyssonnière, son propriétaire actuel.

Le dépouillement des archives de la terre du Montellier par M. Greppoz, prouve que la commune de Cordieux, maintenant de 181 habitans, était un lieu important désigné sous le nom de Cordieux-la-Ville; le seigneur y avait le droit de langue, ce qui prouve une population assez considérable : dans son prochain voisinage existait le couvent de Boiron, dont on ne trouve de traces que dans les écrits anciens.

Dans le village de Joyeux, la plupart des maisons sont aussi détruites; ainsi le hameau du *Blondel,* qui contenait douze maisons n'en a plus que deux; celui des *Blancs* où existait une étude de notaire, sur douze habitations, n'en a plus que quatre; et enfin le *Montellier,* chef-lieu de cette seigneurie, a éprouvé des pertes analogues.

Mais rien n'annonce dans l'histoire que les environs de *Chalamont,* que *Joyeux, Cordieux, le Montellier,* aient été plus malheureux que le reste du pays; partout ailleurs on trouve de même des débris d'habitations en grand nombre; des traces d'ancienne prospérité et d'une population nombreuse; le dépouillement des titres anciens y offrirait donc des résultats analogues; la Dombes inondée aurait donc perdu les trois quarts de ses habitations et de ses habitans : mais le temps de sa prospérité remonte aux XIVe, XVe et XVIe siècles, époques diverses du renouvellement des titres qui la constatent; il a donc précédé, comme nous le verrons encore plus tard, la grande inondation du sol par les étangs. La Dombes avant leur établissement était donc plus cultivée, plus peuplée, et par conséquent plus prospère qu'elle ne l'est aujourd'hui : on doit en conclure aussi qu'elle était plus saine, puisque cette prospérité avait pu s'y établir et s'y maintenir.

Le village de Villars, suivant la tradition et d'après l'importance de la famille souveraine qui l'habitait, était une ville considérable qui avait un hospice; on lui attribue une population de 4,000 âmes; on lit encore dans son église une inscription gravée sur pierre qui constate que Marguerite d'Autriche, dans les premières années de son veuvage, fonda des vêpres à dire chaque jour de l'année par les prébendiers de l'église de Villars. Ce petit village, maintenant de 200 habitans à la place de la ville de 4,000, est loin de comporter une pareille institution qui ne peut avoir lieu que dans un pays d'habitans nombreux où existent un certain nombre de prêtres; sans doute le sac de cette ville par l'armée de Biron, en 1600, lui a beaucoup nui; mais un désastre militaire de quelques jours disperse, met en fuite, mais ne détruit pas la population, qui reparaît aussitôt que le calme est revenu; on a d'ailleurs des récits de cet événement qni prouvent qu'il a eu lieu avec des excès de plus d'un genre, mais sans massacres.

La Flandre, qui fut plus de trente fois en deux siècles, le théâtre de la guerre, s'est peuplée, enrichie, au milieu de tous les désastres dont elle était témoin et souvent victime.

Sans doute un mauvais pays se relève plus difficilement des maux endurés; mais la Flandre contient des parties étendues, la Campine, l'arrondissement d'Avesnes, d'un sol inférieur à celui de la Dombes; d'ailleurs, quand les maux ne sont que passagers, le temps répare le mal au lieu de l'aggraver; ainsi Bourg et ses environs qui n'ont qu'un sol médiocre, pillés, saccagés la même année et par le même corps d'armée que Villars, pendant tout le temps que dura le siége de sa citadelle, se sont promptement relevés des misères de la guerre.

D'ailleurs, Biron voulait prendre la Bresse pour en faire une province de France, et surtout il désirait en avoir le gouvernement pour lui ou l'un de ses amis; le refus qu'il en éprouva fut, plus tard, un de ses grands griefs contre Henri IV; on ne peut donc supposer qu'il eût, de gaîté de cœur, cherché à détruire la population d'un pays qu'il voulait gouverner; et puis cette guerre de 1600 ne fut qu'une guerre d'invasion qui ne rencontra pas même de troupes chargées de la défense du pays : le gros de l'armée française marcha avec Lesdiguières sur la Savoie; Biron, d'après Guichenon qui écrivait moins de cinquante ans après, ne conserva que deux régimens, les régimens de Champagne et de Navarre, avec les Suisses de la garnison de Lyon. Paradin, qui écrivait sur les lieux sa *Chronique de Savoie*, en 1603, à l'époque même de la guerre, porte l'armée de Biron à 1,200 hommes. Cette troupe, après avoir pris et pillé Bourg et Villars, dut aller prendre de vive force les villes et châteaux du Bugey, en laissant une partie des siens pour le blocus de la citadelle de Bourg. Biron ne put donc faire, en quelque sorte, qu'une incursion dans le comté de Villars; nous disons le comté de Villars, car la Dombes proprement dite appartenait à la maison de Bourbon, et dut, par conséquent, rester étrangère à cette guerre et n'éprouver aucun dégât; le comté de Villars, qui appartenait à la Savoie, dut donc seul souffrir : toutefois, nous devons dire que la Dombes elle-même, en 1594, essuya les courses réitérées du marquis de Treffort qui commandait pour la Savoie; ces courses n'avaient d'autre but que de se venger sur le duc de Bourbon, de l'insistance que le roi de France, son allié, mettait à obtenir du duc de Savoie la restitution du marquisat de Saluces; mais tous ces dégâts ont été, en général, peu remarqués et, par conséquent, peu considérables.

Il est évident qu'à cette époque Villars, avec ses prébendiers, avait encore beaucoup d'importance, puisqu'il soutint une espèce de siége avec ses habitans pour seuls défenseurs, et qu'on jugea sa prise nécessaire pour réduire la province dont il était la capitale.

D'ailleurs, tous les faits que nous venons de citer et qui se rapportent à un pays jadis riche et peuplé, ne remontent pas au-delà du XV⁰ siècle. Une grande partie des étangs, comme l'a établi M. Greppoz, a été faite dans le cours du dernier siècle, et ce n'est que dans le XVI⁰ qu'on sentit la nécessité d'établir une espèce de droit des étangs qu'on a qualifié de coutume de Villars; l'insalubrité du pays, par suite sa dépopulation et sa ruine, ne sont donc pas antérieures à l'établissement des étangs; elles sont arrivées progressivement et à mesure qu'ils ont augmenté en nombre et en étendue.

Il nous a paru utile de chercher à éclaircir ce point historique; plusieurs ont écrit que la Dombes avait dû sa destruction et sa dépopulation à cette campagne du maréchal de Biron; mais il n'eut ni le temps ni les forces nécessaires pour pouvoir parcourir un pays coupé, un pays de chemins difficiles comme la Dombes, et y détruire habitans et habitations; et puis, comme nous l'avons dit, le comté de Villars dut seul souffrir, et cependant le reste de la Dombes inondée est aussi dépeuplé que lui; enfin, la Bresse et le Bugey durent être traités de même, et cependant rien n'y paraît; d'ailleurs, aucun des historiens n'en parle, et néanmoins ils parlent bien du pillage de Bourg et de Villars, où l'armée entra de force.

Le Palatinat, sous Louis XIV, a été maltraité comme on prétend que l'a été la Dombes à cette époque; le pays, quoique revenu depuis long-temps à la prospérité, en conserve encore des traces nombreuses, et les historiens de toutes les nations en ont perpétué le souvenir; ici, tout le monde s'est tu, amis et ennemis; seulement aujourd'hui, plus de deux siècles après, on veut trouver à la misère du pays d'autres causes que le fléau cruel de l'insalubrité des étangs; c'est bien assez de son action incessante qui, pendant deux siècles peut-être, a détruit dans chaque période de quinze ans, un dixième de la population, qui, maintenant où le mal s'est amoindri, en détruit encore près du vingtième, qui affaiblit par la maladie ceux qui survivent, et qui, enfin, eût consommé depuis long-temps la dépopulation entière du pays si le haut prix de la main-d'œuvre n'y appelait sans cesse de nouveaux colons (1).

Mais dans des recherches sur l'ancien état de la Dombes, il serait important de s'assurer d'une manière précise si les étangs y sont bien anciens, et à quelle époque le plus grand nombre a été construit.

Les titres anciens prouvent que les premiers étangs ont été construits en Dombes depuis assez long-temps, mais le plus grand nombre ne l'a été que dans les deux derniers siècles.

Et d'abord leur construction a été évidemment postérieure à l'établissement du régime féodal : à cette époque, pour prix de concession, ou de non envahissement des fonds, les maîtres féodaux se réservèrent des redevances stipulées dans toutes les espèces de denrées que le pays produisait : or, on ne cite aucune redevance stipulée en poissons; le pays alors ne renfermait donc point d'étangs; mais l'époque de leur établissement se rapprocherait encore beaucoup plus de notre temps : en effet, il résulte des informations prises par M. Greppoz (et ces informations

---

(1) De 1820 à 1834, dans les 21 communes du pays inondé de Dombes où les décès ont excédé les naissances, on a eu 8,784 décès sur 7,526 naissances; les décès ont donc excédé les naissances de près de 17 pour cent; mais dans les 16 autres communes du même pays, il y a eu 2,939 décès et 3,241 naissances; ajoutant ensemble les naissances et les décès des deux sections, l'excédant des décès sera encore de 956, ou de plus du vingtième de la population qui s'élève à 18,259. (*Mémoire de M. Bodin.*)

Dans ces tables de mortalité ne se trouvent pas compris les décès des batteurs, moissonneurs et domestiques étrangers qui vont mourir dans leur pays de la fièvre qu'ils ont contractée en Dombes, ni ceux de ces jeunes domestiques dits *Carats* qu'on est obligé de renouveler en partie tous les ans.

Il n'est pas même bien établi que les décès des nombreux malades du pays qui vont mourir chaque année dans les hôpitaux de Bourg, Trévoux, Montluel, Thoissey, soient régulièrement inscrits dans leurs communes respectives; l'excès des morts sur les naissances serait donc beaucoup plus considérable que ne le montrent les registres communaux.

11

n'ont pu être contredites) que dans la dernière moitié du dix-huitième siècle et les vingt premières années du dix-neuvième, il aurait été construit ou agrandi des étangs pour 989,000 francs dans vingt communes, soit en moyenne pour 49,400 francs par commune; mais M. Greppoz a pris les communes le plus à sa portée, celles sur lesquelles il avait le plus de connaissances, qu'il n'a presque pas perdues de vue pendant sa longue et utile carrière; on ne peut douter que des travaux semblables n'aient eu lieu dans les vingt-cinq autres communes inondées de Dombes et de Bresse. Toutefois, pour rester au-dessous du vrai et eu égard aux dix communes inondées de Bresse qui ont moins d'étangs que celles de Dombes, admettons que dans chacune d'elles on ait dépensé moitié moins, soit 24,700 francs, il s'en suivrait que les dépenses de construction ou d'agrandissement d'étangs, dans les quarante-cinq communes inondées de Bresse et de Dombes, se seraient élevées au moins à 1,606,000 francs; mais à cette époque les travaux étaient beaucoup moins chers qu'ils ne le sont maintenant; or, on a porté à 300 francs par hectare la dépense actuellement nécessaire pour mettre en étang un terrain disposé convenablement; on peut donc croire que dans la dernière moitié du dix-huitième siècle, et les vingt premières années du dix-neuvième, la dépense aura été d'un quart de moins, ou au plus de 225 francs, et que, par conséquent, depuis le milieu du dix-huitième siècle on aura couvert d'eau plus de 7,000 hectares.

Mais M. Greppoz avait pu préciser les travaux et leur prix, parce qu'il les avait vu exécuter en plus grande partie; il n'a pas pu s'exprimer en termes aussi précis sur les temps qui lui étaient antérieurs; il est cependant certain que cet accroissement des étangs n'était que la continuation du mouvement imprimé par la diminution progressive de la population que déterminait leur augmentation en nombre et en étendue; on doit donc admettre que dans la première moitié du dix-huitième siècle et dans le siècle précédent, espace de temps deux fois plus long que l'époque positivement observée, une surface au moins égale à la première aura été convertie en étangs; ce qui porterait la surface des étangs construits depuis le commencement du dix-septième siècle, à plus de 14,000 hectares, d'où il suivrait qu'au commencement du dix-septième siècle, époque de la réunion à la France, il n'y avait pas en étangs un tiers du sol actuellement inondé; or, alors Villars était encore une ville importante close de ses murailles et assez peuplée pour songer à se défendre avec ses habitans contre la petite armée du maréchal de Biron; le pays était donc peuplé d'habitations nombreuses maintenant détruites; c'est aux deux siècles qui précèdent, aux quinzième et seizième, que se rapportent les traces de prospérité évanouies que nous avons précédemment remarquées ; c'est à cette époque qu'étaient debout ce grand nombre d'habitations féodales dont on aperçoit encore les ruines ; ces temps meilleurs ont donc évidemment précédé la grande inondation du sol ; à mesure qu'elle s'est augmentée, une partie considérable des habitations grandes et petites ont successivement disparu, parce qu'elles coûtaient de l'entretien et qu'elles cessaient d'être nécessaires à une population plus faible. Avec ces nouveaux étangs s'accroissait donc l'insalubrité, puisque avec eux diminuait la population ; ce serait donc à eux que serait due la ruine du pays, car depuis lors il n'a éprouvé ni maladies contagieuses, ni guerres destructives.

Il résulterait donc de ces données que, depuis le commencement du dix-septième siècle, la surface inondée aurait été augmentée de plus de 14,000 hectares, et que, par conséquent, la grande inondation de notre sol ne remonterait pas à des temps éloignés.

Maintenant les étangs sont-ils dus, dans notre pays, à l'exercice et à l'abus de la puissance féodale? nous ne le pensons pas.

La plupart des étangs ont bien été construits par les seigneurs, mais c'était sur leurs propres fonds.

Il a toujours été loisible en Bresse et en Dombes à tous les propriétaires de faire un étang sur leurs propres fonds, et ils ont souvent usé de ce droit ; seulement les seigneurs prétendaient à divers droits sur les étangs faits dans leur directe, mais ces droits leur étaient vivement contestés.

Ensuite il résulte de l'acte de notoriété fait à Villars en 1524, acte qui constate les usages anciens qui réglaient le droit des étangs, que nul, sans distinction de qualité, ne peut ni ne doit allonger la chaussée de son étang, si cette entreprise doit couvrir d'eau des fonds qui ne lui appartiennent pas; et au cas où cette entreprise aura été consommée, le propriétaire du fonds inondé peut, à son choix, ou se faire payer son fonds à dire d'experts, ou s'en faire assigner un de même valeur ailleurs que dans l'étang, ou enfin avoir dans l'étang une portion d'assec et d'évolage proportionnée à l'étendue de son fonds.

Mais ce droit des fonds inondés en cas de surhaussement de la chaussée d'un étang, ne devait-il pas être au moins le même au cas de sa construction? le texte ne l'indique pas; mais il nous semble que l'un est une conséquence presque nécessaire de l'autre, car il serait difficile d'admettre que le propriétaire d'un fonds inondé ait eu de plus grands droits en cas de l'agrandissement qu'en cas de l'établissement de l'étang.

D'ailleurs, nous avons remarqué que le texte est général, sans distinction de qualité : on ne peut donc admettre que les droits du seigneur, dans l'établissement ou l'agrandissement des étangs, fussent plus grands que ceux du vassal; et par conséquent la puissance féodale semble n'y avoir été pour rien.

On doit aussi conclure de ce qui précède que les étangs dans lesquels l'évolage et l'assec sont divisés, sont le produit d'une association volontaire entre le propriétaire du sol et celui de l'évolage; le propriétaire du sol a pu choisir entre le prix en argent de son fonds, son échange ou la propriété d'une part proportionnelle d'assec et d'évolage; en prenant le dernier parti il a contracté une association qui lui assignait une part indivise d'évolage et une jouissance alternative de son sol, successivement en eau et en assec; il y a donc dans cette espèce de concert à la fois association et co-indivision, qui toutes deux ont été faites volontairement.

Toutefois il serait possible que cet usage eût varié puisque, le plus souvent, les portionnaires de l'assec n'ont rien dans l'évolage; autrement il faudrait qu'à l'époque de la construction

le propriétaire eût consenti , avec ou sans indemnité , à borner
son droit à celui d'assec et de pâturage.

En 1524 , époque où l'usage qui réglait le droit des propriétaires des fonds dans l'établissement ou l'agrandissement des
étangs a été écrit en acte authentique , la population de la
Dombes était encore nombreuse et le sol bien cultivé , puisqu'une grande partie des constructions importantes du pays
paraissent contemporaines ou peu antérieures à cette époque ;
le sol en labour avait alors plus de valeur relative , sa culture
était moins coûteuse et son produit net , par conséquent , plus
considérable ; c'est par cette raison que l'usage d'accorder une
part dans l'évolage avec le droit d'assec était généralement
établi ; mais plus tard , lorsque les étangs devenus plus nombreux eurent successivement , et petit à petit , détruit la population , la valeur du sol en culture s'affaiblit pendant que la
valeur relative du sol inondé s'accrut ; et le plus souvent , à ce
qu'il semble , dans ce nouvel état de choses , le propriétaire se
trouva suffisamment indemnisé par le droit d'assec sur son fonds
et le pâturage sur tout l'étang ; cependant nous pensons que ce
ne serait qu'avec son assentiment que les choses se seraient ainsi
réglées et qu'on aurait dérogé à l'usage.

D'ailleurs le propriétaire d'une petite pie d'assec aura d'autant
moins tenu à avoir une part d'évolage , que cette portion le
forçait de contribuer pour une part proportionnelle dans la
construction , l'entretien et la réparation de la chaussée , des
thous , des daraises et dans les frais d'empoissonnage et de
pêche ; ces embarras sont grands lorsque la part proportionnelle
est petite ; il a donc pu renoncer facilement à son droit sur
l'évolage ; aussi remarque-t-on qu'il n'y a guère que de grands
propriétaires d'assec qui aient une part dans l'évolage.

§ Ier.

Après tous ces préliminaires établis , toutes ces données , résultat médiat ou immédiat de l'enquête et de la connaissance
du pays , nous arrivons aux questions les plus importantes qui

nous aient été données à étudier et dont les observations qui précèdent ont préparé jusqu'à un certain point la solution. Le but principal proposé à la commission, a été de constater, autant qu'il serait en elle, les causes d'insalubrité de la Dombes, et surtout de rechercher quels seraient les moyens d'y remédier. Ces deux questions seront particulièrement l'objet des développemens qui suivent, développemens qui nous ont été fournis par l'enquête ou suggérés par elle.

Et d'abord la presque totalité des personnes interrogées convient de l'insalubrité des étangs; une grande partie les accuse d'en être la principale cause, un petit nombre l'attribue en premier ordre à la nature du sol, d'autres aux prairies marécageuses, quelques-uns à la flouve, et presque tous ont aussi donné comme l'une des causes le mauvais régime des habitans. En même temps un grand nombre de faits ont été produits dans le cours de l'enquête, qui ont prouvé que la salubrité reparaissait toutes les fois que les étangs étaient desséchés; la commission, en s'appuyant sur les faits nombreux que lui a révélés l'enquête, sur l'avis de tous les médecins qui se sont occupés de salubrité, de tous les agronomes et les économistes qui ont écrit sur la matière; en remarquant que la Dombes, avant la multiplication des étangs, était beaucoup plus cultivée et plus peuplée que depuis qu'ils ont envahi les meilleures parties du sol, que depuis lors plus de la moitié de la population et des habitations semble avoir disparu, que pendant que la Bresse, de même formation que la Dombes, avec un sol moins bon, moins salubre, en desséchant ses étangs, est arrivée à un état prospère et à une population de 1,600 âmes par lieue carrée, la Dombes, au contraire, en multipliant les siens, est descendue à une culture du sol presque sans produit net et à une population de moins de 300 âmes par lieue carrée; remarquant enfin que l'insalubrité et les fièvres apparaissent partout avec les étangs, et, qu'ainsi que nous le verrons dans un moment, la salubrité reparaît partout où se sont faits des dessèchemens; par tous ces motifs, disons-nous, et par ceux que nous allons successivement développer, la commission est restée unanimement et pleinement convaincue que les étangs sont, sans aucun doute, la plus puissante cause de l'insalubrité de la Dombes.

Elle admet que les prairies marécageuses, le mauvais régime et peut-être la nature du sol y contribuent aussi ; mais elle pense que toutes ces causes réunies sont loin de produire un effet délétère comparable à celui des étangs.

Il est bien certain qu'on rencontre toujours et partout des causes d'insalubrité, et l'organisation humaine a été douée des forces nécessaires pour leur résister lorsqu'elles n'ont pas trop d'intensité ; mais lorsqu'elles sont très-multipliées et que l'une d'elles surtout sévit sur un grand nombre de points, alors l'organisation succombe sous leur puissante influence devenue plus forte qu'elle ; c'est dans ce double cas que se présentent la Bresse et la Dombes : la Bresse a plus de prairies marécageuses, des marais plus étendus, la nature de son sol est plus insalubre, la nourriture ainsi que le régime des habitans y sont plus mauvais qu'en Dombes, et cependant la santé de la population y est peu altérée par ces influences ; pendant qu'en Dombes, à ces causes qui y sont cependant d'une moindre énergie, viennent se joindre les marais qui se forment sur le bord de tous les étangs disséminés sur presque tous les points ; et il en résulte que la santé générale y succombe.

Maintenant quelle est la part d'insalubrité qu'on peut attribuer aux prairies marécageuses, au mauvais régime et à la nature du sol.

Pour juger d'abord quelle portion du mal doit être attribuée aux prairies marécageuses, nous remarquerons qu'à peine un sixième des communes inondées en contient, que le bassin de ces prairies a généralement peu d'étendue, et enfin que les communes où il s'en trouve sont loin d'être les plus malsaines, puisque dans celles du *Plantay*, de *Chanoz-Chatenay*, *Joyeux*, *Cordieux*, le *Montellier*, *Sainte-Croix*, où on en rencontre, les naissances surpassent notablement les décès ; enfin si l'on ajoute que la ville de Bourg, traversée en quelque sorte par une vaste prairie marécageuse, est loin d'être malsaine, il en résultera que cette cause d'insalubrité n'a pas une grande intensité.

Maintenant nous ne mettons pas en doute que le régime suivi par les hommes de campagne en Dombes ne soit véritablement mauvais; que leur nourriture, leurs vêtemens, leurs logemens, ne soient réellement insuffisans et peu sains; qu'ils ne s'exposent très-imprudemment et peu vêtus à toutes les influences d'un air refroidi et malsain; mais ce régime n'est dangereux qu'à cause de l'insalubrité du pays, car ni la nourriture, ni le logement, ni les vêtemens, ni les soins de toute espèce ne sont meilleurs en Bresse ni dans la montagne; ils y sont au contraire plus mauvais, et cependant l'état sanitaire y est bon.

Il y aurait à disculper la flouve du tort qu'on veut lui faire; nous pensons que c'est bien assez pour elle qu'on puisse l'accuser d'être une plante éminemment puante en Dombes; mais comme on ne la rencontre pas dans toutes les communes malsaines, qu'elle se trouve dans d'autres qui ne le sont pas, qu'elle ne vient que dans les seiglières des parties les plus sèches, nous ne lui attribuerons aucune part dans l'insalubrité (1); un fait d'ailleurs est resté unanimement constaté dans l'enquête, c'est que l'amendement de la chaux la fait toujours et partout disparaître.

Maintenant, quelle part d'insalubrité peut être attribuée à la nature du sol?

Plusieurs membres de la commission révoquent en doute l'influence du sol sur la salubrité; cependant tous estiment qu'en admettant cette influence, l'insalubrité ne peut provenir que de l'imperméabilité du sol; mais nous avons vu que cette imperméabilité est bien moindre en Dombes qu'en Bresse, parce que le sol y est plus profond et moins argileux; la part d'insalubrité que la Dombes peut devoir à son sol serait donc moindre que celle qui règne en Bresse; or, les fièvres peu nombreuses, il est vrai, qu'essuie cette dernière, ne l'empêchent pas de

(I) On peut citer à l'appui de cette opinion les expériences multipliées de M. de Moyria-Maillat. Il a pris la flouve en infusion, il en a respiré l'odeur pendant des semaines entières, sans en éprouver aucun dérangement de santé.

croître en prospérité, en richesse et en population ; cette cause ne pourrait donc avoir qu'un effet peu sensible en Dombes, d'autant mieux qu'à mesure qu'on avance vers le Midi, on voit augmenter la profondeur du sol, et par conséquent diminuer la part d'insalubrité qui pourrait lui être due.

D'ailleurs les faits de l'enquête arrivent nombreux pour prouver l'insalubrité des étangs.

Dans le Forez, pays d'étangs le plus voisin du nôtre, la terre de M. Bastard de l'Etang a été délivrée de ses fièvres annuelles par le desséchement de ses étangs.

Plus près de nous, on nous a fait remarquer sur les lieux mêmes que Marlieux est moins malsain depuis que l'étang qui le touche a une année d'assec sur trois, au lieu d'être toujours en eau, et que c'est dans les années d'assec que les fièvres sont plus rares.

La commune de Saint-André-de-Corcy, d'après la déclaration de ses habitans, voit augmenter ou diminuer son insalubrité suivant que les étangs voisins sont en eau ou en assec.

Les habitans du château de la Saulsaie n'éprouvent point de fièvres lorsque les étangs de l'Allée et Berthet sont en assec ; ils en sont au contraire affligés lorsque ces étangs sont en eau.

Le plus grand nombre des habitans de Villars s'est réuni pour déclarer que leur pays est moins malsain, depuis douze ans que l'étang Neuf a été desséché par M. Greppoz.

D'autres ont établi en fait que la commune de Saint - Trivier avait beaucoup gagné en salubrité depuis le desséchement de l'étang de 40 hectares qui la touchait.

Des témoignages nombreux et imposans attestent encore qu'il en serait de même de Villeneuve, où les fièvres sont devenues plus rares depuis le desséchement de ses étangs.

M. Bodin (Alexandre) habite toute l'année avec sa famille et de nombreux domestiques le château de Montribloud, habitation jadis très-malsaine, et il s'y déclare rarement de fièvres depuis le desséchement de quatorze étangs voisins.

Ce desséchement a modifié aussi fort heureusement l'état sanitaire de Saint-André-de-Corcy.

Il a aussi influé très-favorablement sur la salubrité de la commune de Civrieux, dont la partie méridionale est presque entièrement assainie par le desséchement des étangs de Montribloud, et le serait tout-à-fait si les deux seuls qui restent étaient aussi desséchés; cependant, dans cette commune, la propriété de Bussiges n'a rien gagné, parce que ses étangs subsistent encore; mais cette propriété, placée au nord de la commune, influe heureusement peu sur sa salubrité.

L'habitation du *Montellier* éprouve moins de fièvres par suite du desséchement de deux étangs immédiatement voisins.

La commune de Sainte-Croix a desséché ses étangs en même temps qu'elle a assaini son marais, et depuis cette époque les naissances excèdent de 2 à 3 pour 0/0 les décès, quand auparavant c'était la proportion inverse.

M. Rousset, de Trévoux, déclare que sur une population de quarante-cinq personnes qui habitent sa propriété, il n'y a pas un seul fiévreux lorsque son étang voisin est en assec, et qu'il y en a au contraire beaucoup lorsqu'il est en eau.

Enfin, Dompierre-sur-Chalaronne est une commune généralement saine et dont le sol est de bonne qualité; cependant elle renferme un grand étang, l'Etang Paulin; et il est de fait que lorsque cet étang est en eau, les fièvres se montrent nombreuses dans les parties de la commune qui l'avoisinent, pendant qu'elles y sont à peine aperçues dans les années d'assec.

La commune de Saint-Nizier-le-Bouchoux en Bresse, placée presque à la limite nord du département, et par conséquent très-éloignée du pays inondé, est néanmoins la plus malsaine de Bresse, parce qu'elle a encore six étangs, et entre autres l'Etang de Verset de plus de 100 hectares; or, l'on remarque que lorsque cet étang est en eau, les hameaux de Saint-Nizier qui en sont les riverains au midi, et ceux de Cormoz qui le sont au nord, essuient des fièvres nombreuses, pendant que dans les années d'assec, qui sont heureusement plus fréquentes que celles de l'inondation, elles y sont rares.

Ces faits sont nombreux et constatés; ils ne peuvent être accusés ni de théorie ni d'utopie; ils achèvent donc d'établir de la manière la plus précise le fait de l'insalubrité des étangs et du retour de la salubrité par leur mise en assec; et ils prouveraient au besoin que les autres causes qu'on a alléguées ont peu d'importance, puisque la salubrité a reparu dans les communes que nous venons de nommer par le desséchement de quelques étangs, malgré que rien n'y ait été changé pour la nature du sol, les prairies marécageuses et le régime des habitans.

§ II.

On peut s'expliquer assez naturellement cette insalubrité des étangs; il est admis partout et sans contestation que les marais sont la plus puissante cause de l'insalubrité; mais en Dombes, ces marais que la disposition et la nature particulière du sol se refusaient à produire, les étangs nous les fournissent nombreux et sur tous les points du pays.

Les marais des sols imperméables sont presque toujours dus à des couches peu épaisses d'eaux stagnantes qui recouvrent le sol, n'ont point d'écoulement, et disparaissent plus ou moins pendant les chaleurs de l'été en laissant à découvert le sol encore pénétré d'eau; or, chaque étang est entouré d'un marais identiquement de cette espèce que l'eau de l'étang a fait naitre et qui grandit chaque jour par l'effet de l'évaporation; ce marais qui entoure toute la circonférence de l'étang et vient des deux côtés aboutir à la chaussée, passe successivement de l'état de sol inondé à celui de sol humide, et bientôt de sol desséché; ces trois états de marais sont éminemment malsains et plus encore, à ce qu'il semble, lorsque le soleil a desséché en partie leur surface, et qu'il échauffe un sol encore pénétré d'eau stagnante et couvert de plantes marécageuses, de vase et de débris d'insectes.

Ces marais, comme nous l'avons dit, font ceinture autour des étangs et sont distribués sur toute la surface du pays inondé.

Mais, d'après ce que nous verrons plus tard, moitié à peu près de la surface des étangs est en assec et l'autre moitié en eau: 10,000 hectares au moins sont donc inondés chaque année; or dans le cours de l'été, par l'effet de la sécheresse et des infiltrations, un tiers au moins de cette surface se découvre ou reste couvert d'une couche d'eau très-mince et forme, par conséquent, des marais qui sont successivement inondés, humides et desséchés. Le pays inondé renferme donc sur la fin de l'été 3 ou 4,000 hectares de marais qui vont s'agrandissant jusqu'à la saison des pluies, en passant successivement par les conditions les plus malsaines, et chaque commune en est plus ou moins infestée dans tous ses points; l'insalubrité qui en résulte s'explique donc très-bien, et il y a peut-être lieu de s'étonner que les effets n'en soient pas plus malfaisans.

§ III.

Divers moyens ont été proposés pour diminuer l'insalubrité des étangs; le premier consisterait à clore l'étang par un fossé et une petite chaussée placée à la hauteur où les eaux s'abaissent ordinairement dans l'été; mais ce procédé serait assez cher à exécuter, ôterait à l'étang un tiers de sa surface, au poisson un tiers de son parcours; et puis l'eau ne pourrait être contenue à moins d'une épaisse chaussée qui aurait alors cinq à six fois autant de développemens que la première; à travers une chaussée mince telle qu'on la ferait avec la terre d'un fossé, l'eau filtrerait et rendrait marécageux le terrain même qu'on voudrait assainir; cette chaussée empêcherait encore l'eau des pluies de pénétrer dans l'étang, et si pour l'introduire on y plaçait une écluse, il serait presque impossible que la pression de l'eau ne la fît pas s'échapper par les joints pour remonter sur le sol séparé par la chaussée.

M. Guerre propose encore d'élever le niveau du terrain qui se dessèche en été avec la terre d'un large fossé; mais ce fossé devrait être bien large, et l'élévation du sol qui serait souvent de plus de 18 pouces, coûterait beaucoup plus que la valeur du terrain; et puis enfin l'établissement de ce fossé dans le haut de l'étang, outre qu'il serait une perte de terrain, attirerait le poisson et le mettrait à la merci des voleurs.

D'autre part, M. Ponchon a proposé de labourer les rives des étangs à mesure que l'évaporation les laisse à découvert; mais ce moyen destructeur du pâturage ne ferait, nous le pensons, qu'accroître l'insalubrité, parce que la putréfaction des plantes et des racines serait beaucoup plus active quand on aurait détruit leur vitalité; ces divers moyens proposés sont donc tout-à-fait impuissans pour réparer le mal qui existe.

§ IV.

Maintenant que la cause de l'insalubrité nous paraît bien connue, quels sont les moyens de parer à cet état de choses si fatal à ce pays?

La commission n'hésite pas à dire que le premier, le seul moyen sûr d'atteindre le but, serait le desséchement des étangs; mais elle déclare repousser tout desséchement brusque, simultané, qui serait l'effet de la contrainte; elle propose un desséchement progressif, amené par la conviction, et par conséquent facultatif.

Toutefois, elle doit commencer par dire qu'il résulte soit de l'enquête, soit de ce qu'elle a vu par ses propres yeux, qu'il y a amélioration dans le pays; de toutes parts l'emploi de la chaux fait surgir des moissons d'une beauté inespérée; de grands domaines vendus en détail permettent à la petite propriété de s'établir; de nouvelles habitations s'élèvent sur ces propriétés divisées; les maisons manquent pour loger ces nouveaux propriétaires, ces familles qui se divisent, ces étrangers qui viennent se fixer dans le pays : bien plus, nous devons le dire, et cela résulte de l'enquête aussi bien que du dépouillement des registres de l'état civil, il semble que l'insalubrité tende à s'amoindrir, le prix élevé de l'avoine a fait multiplier les années d'assec relativement à celles de l'évolage; la plupart maintenant des étangs libres se sèment, tous les deux ans, en avoine; les queues et les rives des étangs qui restaient en mauvais pâturage se labourent pour en produire aussi; l'usage de la jachère, qui les tient deux années de suite en assec, se multiplie et on voudrait la leur donner tous les six à huit ans au moins; on arrive donc ainsi (mais nous dirons sans s'en douter) à un commencement de desséchement; il en résulte que moitié de la surface des étangs serait, chaque année, en labour, pendant que dans les temps anciens il y en avait à peine le quart; aussi le décroissement de la population semble diminuer; déjà, dans quinze communes inondées, les naissances surpassent les décès; il y a donc amélioration; mais cette amélioration, nous devons nécessairement l'attribuer à la diminution d'un quart dans la surface du sol inondé, et plus encore peut-être aux chaulages.

Nous rencontrons là encore, sans la chercher, une bien grande preuve de la convenance et de l'utilité du desséchement entier du pays; et puis le succès de la jachère sur tous les étangs, les grands produits du froment qui lui succède, l'amélioration que de toutes parts on nous a dit qu'il en résultait pour les récoltes suivantes, annoncent les grands produits que donnerait l'assolement des étangs en labour.

Toutefois, ne nous faisons pas illusion; dans cet état meilleur, dû au desséchement partiel et momentané d'une partie du sol inondé et à l'emploi de la chaux, la misère, le mal, sont encore bien grands, puisque, comme nous l'avons vu, le pays essuie encore, en moyenne, dans d'assez courtes périodes d'années, une perte de plus du vingtième de sa population.

Et puis cette amélioration ne peut être progressive qu'autant que les desséchemens accompagnés du chaulage prendront du développement et en donneront par là même à la salubrité; la première chose à faire est d'assainir cette terre qui, au lieu de nourrir une population heureuse et riche, l'énerve par la maladie, et fait périr avant le temps ses enfans qui devraient la féconder et la travailler.

§ V.

Les étangs se sont établis dans un temps où la livre de poisson valait 10 livres de froment, 15 à 20 livres d'avoine, et 2 à 3 livres de viande de boucherie; maintenant qu'elle ne vaut plus que trois livres de froment, quatre livres d'avoine, et deux tiers de livre de viande de boucherie, les intérêts ont grandement changé; est-il naturel de continuer à sacrifier à cette production les meilleurs fonds du domaine?

Les fonds inondés, disent les amis des étangs, rapportent le double au moins de ceux en corps de domaine; mais ce sont les meilleures terres, ce sont les anciens prés; à l'époque où ils furent mis en étangs, ils valaient déjà beaucoup plus que les autres fonds, et il est hors de doute qu'ils reviendraient aisément à cette valeur relative si on les rappelait à leur ancienne destination.

Et puis ce produit des étangs est grandement casuel; les sécheresses leur ôtent les eaux, et par conséquent empêchent le poisson de profiter; les grandes eaux entraînent le poisson, rompent les chaussées; un coup de tonnerre frappe de mort une grande partie du poisson; les grands hivers le font périr sous la glace; s'il s'élève un vent du midi chaud, il périt à la pêche sur la boue ou en route dans les tonnettes; trop ou trop peu de brochets font manquer la pêche; et puis les avoines qu'on ne peut semer qu'après le 25 mars, époque où l'on doit l'assec, sont souvent prises par la sécheresse du printemps, ou lorsqu'il pleut un peu trop, elles sont noyées et opprimées par les plantes aquatiques que favorise l'humidité: les produits des étangs sont donc beaucoup plus chanceux que ceux des terres labourables, et sont par là beaucoup diminués.

Ajoutons que leur entretien est dispendieux; c'est souvent des claves à refaire, des chaussées à rechausser, recharger et fagotter, des thoux et des daraises à entretenir à grands frais et à renouveler tous les vingt-cinq ans; des rivières de ceinture à faire et à entretenir; toutes les dépenses sont nombreuses, positives et nécessaires, et les produits aventureux; enfin l'économie des étangs est difficile; il est peu d'hommes qui l'entendent bien, ce qui ajoute encore des chances de perte.

D'ailleurs, comme nous l'avons dit précédemment, des élémens nouveaux ont surgi dans notre agriculture; avec l'amendement de la chaux et les labours profonds, les champs des domaines qui produisaient 4 à 5 pour 1 en seigle, arrivent à

donner près du double en froment ; ils produisent le trèfle , les
fourrages-racines de toute espèce pour les bestiaux , et de riches
moissons de colzat pour livrer au commerce ; ces produits sont
doubles au moins de celui du poisson et de l'avoine , et deviennent encore plus grands lorsqu'avec les mêmes circonstances
on les demande aux fonds eux-mêmes des étangs ; la chaux et
les cendres sont donc là pour donner cette première impulsion
de fécondité nécessaire à une production plus riche , à la création de fourrages , source assurée des engrais qu'exige une
culture améliorée.

§ VI.

On nous dit que les capitaux manquent pour se procurer de
la chaux ; mais la chaux donnée au sol n'est qu'un prêt en
quelque sorte usuraire , la récolte qui suit le chaulage donne en
surplus du produit ordinaire de quoi chauler une étendue plus
grande, presque double de celle de l'année précédente ; avec
l'amendement de la chaux , les produits des terres labourées
sont donc devenus bien supérieurs à ceux des étangs ; on n'aurait donc plus d'intérêt à les conserver ; d'ailleurs le raisonnement et l'expérience surtout prouvent que ces étangs, jadis les
meilleurs fonds du domaine, donneraient avec les mêmes
moyens un produit encore plus avantageux que les terres labourées , et surtout on y rétablirait ces anciens prés dont
l'agriculture de Dombes a un si grand besoin.

Avec la rareté des bras et la cherté de la main-d'œuvre ,
ajoute-t-on , comment arriver à suivre ces riches assolemens
dans lesquels entrent le trèfle et les récoltes sarclées ?

Mais les récoltes de trèfle coûtent une fois moins de travail que
la jachère ; et les cultures sarclées, si on les travaille avec la houe
à cheval, surtout dans les deux directions perpendiculaires,
ne demandent en surplus de travail sur la jachère guère que la
main-d'œuvre de leurs récoltes.

On conçoit que les bras manquaient à une culture pauvre
dont les maigres produits ne pouvaient payer qu'un petit nombre

de serviteurs; mais alors que le froment et le colzat donnent d'abondantes récoltes, que le trèfle et les fourrages-racines peuvent nourrir de nombreux bestiaux, les entretenir en état et en faire un produit principal de l'exploitation, au lieu qu'ils en étaient une lourde charge, alors, disons-nous, des domestiques plus nombreux accourront, appelés par les gros gages, pour prendre part à cette culture productive.

Et puis la faulx pour moissonner, la machine à battre, le rouleau pour extraire le grain, diminuent des trois quarts la main-d'œuvre si pénible des moissons et battaisons; ces moissonneurs et batteurs étrangers que décimait le terrible et interminable travail de la faucille et du fléau, après avoir abattu les moissons avec la faulx, servi même les machines à battre, s'emploieront à la culture nouvelle, lui fourniront les supplémens de travail qu'elle exige, dépenseront en tout moins de temps, et coûteront par conséquent moins d'argent que le faucillage et le battage à bras d'hommes.

M. Guichard donne, sans nourrir, 16 francs pour faucher, ramasser, lier et charger la récolte d'un hectare de terre; la moisson de ses 45 hectares lui coûtera donc 720 francs, et ses ouvriers gagnent autant par jour qu'ils gagnaient à moissonner le seigle des anciennes exploitations; mais ses 1,000 hectolitres à recueillir à la faucille lui auraient coûté 100 hectolitres d'affanure et un tiers, soit un quart en sus pour la nourriture; en tout 125 hectolitres ou 2,500 francs pour rester à un prix moyen; c'est donc 1,800 francs de bénéfice net sur ce point.

Avec la machine à battre, il dépensera moins de 50 centimes par hectolitre, soit 500 francs, pendant qu'avec le fléau il lui en aurait coûté 2,500 francs comme pour moissonner; voilà donc un bénéfice de 3,800 francs réalisé, dont la moitié seulement, répandue en main d'œuvre sur l'exploitation, paiera tout le surplus de travail de ses récoltes sarclées; sans doute la machine à battre n'est pas à la portée de tous, demande des avances et des constructions; mais il n'en est pas de même de la faulx, et les ouvriers eux-mêmes n'auraient pas d'objection; car

12

ils gagnent à peu près autant par jour, mais avec moins de peine qu'avec la faucille.

D'ailleurs, des expériences nouvelles faites, cette année, par M. Jaëger à Chalamont, sur l'emploi du rouleau à battre, ont pleinement confirmé celles déjà précédemment faites sur plusieurs points de notre pays; et il en résulte que l'emploi d'un rouleau de pierre épargne moitié peut-être de la dépense pour le battage du froment, et ne laisse plus aux hommes qui s'y emploient qu'une main-d'œuvre très-peu pénible et désormais sans danger pour leur santé.

§ VII.

On insiste et on dit : Ces abondantes récoltes de fourrages, de racines, de céréales, demandent des constructions nouvelles? Mais on répond qu'il suffit d'abord d'accroître l'étendue des écuries pour les bestiaux; car, d'une part, les céréales de toute espèce [et les fourrages peuvent se mettre en meule et s'y conserver tout au moins aussi bien que sous l'abri de constructions dispendieuses; d'autre part, les fourrages-racines passent très-bien l'hiver à l'abri sous une couche de terre; et puis ces améliorations sont toutes progressives; chaque année les produits augmentent, et à mesure que le besoin se fait sentir, on pourvoit aux nécessités avec une partie du surplus du produit net.

Avec des terres labourables qui donnent maintenant en produit net près du double des étangs, les meilleurs fonds des exploitations ne doivent donc plus rester en eau, système fatal qui, en ruinant la santé des habitans, cause seul le haut prix de la main-d'œuvre; d'ailleurs, nous l'avons dit, le trèfle, les vesces d'hiver et de printemps (car le succès de la luzerne est encore incertain dans le pays) ne peuvent suppléer les prairies dans notre contrée à sécheresse estivale; il faut donc redemander aux étangs les anciennes prairies du pays qui étaient le nerf de son agriculture; sans doute il eût mieux valu commencer l'opération par là, parce qu'on eût immédiatement amélioré la

salubrité ; mais cette marche ne convient qu'à de riches propriétaires qui peuvent faire tout d'un coup des avances considérables
sans y rentrer immédiatement.

La culture du petit propriétaire ou du fermier peu aisé ne
peut pas marcher ainsi ; elle doit commencer par prendre des
forces dans l'amélioration par le chaulage de ses terres arables,
et les bénéfices qu'il en tirera lui donneront les forces nécessaires pour arriver au desséchement des étangs dans le fonds
desquels il retrouvera ses anciennes prairies.

§ VIII.

Mais il est un moyen avantageux de parer à la rareté de la
population, à la cherté de la main-d'œuvre, et d'épargner en
plus grande partie les capitaux nécessaires pour constructions,
ce serait l'adoption du système de culture pastorale mixte.
M. Moll, ancien professeur de *Roville,* homme aussi habile en
théorie qu'en pratique, dans un Mémoire très-bien fait qui
semble avoir été produit exprès pour la question, propose, en
desséchant les étangs qu'il regarde comme la seule cause de
l'insalubrité, d'adopter pour les pays d'étangs où les bras sont
rares et la main d'œuvre chère, des assolemens avec pâturage
permanens comme dans le pays de Bray, ou alternes comme
dans le Holstein ; il cite particulièrement le pays de Bray, parce
que son sol lui paraît tout-à-fait analogue au nôtre ; il s'est
rencontré dans cette idée avec M. Nivière, que le plateau de
Dombes attend comme un de ceux qui doivent le régénérer, et
qui, dans ce moment même, étudie, en Allemagne, cet assolement avec ses conditions et ses conséquences ; il est d'accord
avec M. Greppoz qui prêche partout la création de la viande,
source abondante d'engrais et de travail peu coûteux ; enfin
c'était là le système que nous avons entendu à diverses reprises
proposer par M. Rivoire, que la Dombes regarde avec raison
comme connaissant bien le pays, sa culture et les étangs.

Dans toute la Dombes méridionale, les moutons réussissent
très-bien ; les bestiaux vivent déjà presque toute l'année au pâ-

furage, mais ces pâturages sont maigres, infestés de mauvaises
plantes, de broussailles ; on les en débarrasserait pour les
rendre plus productifs ; on en établirait de nouveaux et de très-
bons dans une partie des champs améliorés par le chaulage et
les engrais ; les prairies rétablies dans le bassin des étangs fourniraient la nourriture d'hiver avec leur premier foin, après
lequel leur parcours viendrait puissamment au secours des
autres pâturages de l'exploitation.

Dans ce nouveau système, soit que les pâturages soient permanens comme dans le pays de Bray et le Charollais, soit qu'ils
se défrichent régulièrement comme dans le Holstein, le Meck-
lembourg, et une partie de la Suisse, il faut peu de main-
d'œuvre ; il ne faut pour les bestiaux des abris que pour la nuit,
et encore la passeraient-ils, avec avantage pour le sol et sans
inconvéniens pour eux-mêmes, dans les pâturages comme dans
le Charollais ; ces bestiaux qu'on achète au printemps pour les
mettre dans les prés, et qu'on renouvelle pour l'automne, ne
sont point hivernées et ne demandent, par conséquent, point de
constructions spéciales ; les prés d'embouche du Charollais ne
semblent point de qualité supérieure à ceux de *Montribloud*, du
Montellier, faits dans la place des étangs desséchés ; les compôts
de chaux ou des cendres répandues à la surface y assurent la
quantité et la qualité du produit.

Un pareil système de culture une fois établi demanderait peu
d'avances de construction, peu de main-d'œuvre, et, par conséquent, il conviendrait éminemment à un pays où manquent
les capitaux et la population ; d'ailleurs il trouverait dans Lyon
un débouché toujours ouvert et toujours disposé à écouler
favorablement ses produits.

§ IX.

L'enquête nous a éclairés d'une manière très-satisfaisante
sur les conditions nécessaires pour faire réussir les récoltes
dans les étangs desséchés ; les partisans comme les adversaires
des étangs sont d'avis que, pour les dessécher d'une manière

utile et durable, il est convenable, nécessaire même, de rompre
la couche du béton formé par le séjour des eaux, et d'y appliquer ensuite l'amendement de la chaux.

Mais il est diverses méthodes de rompre ce béton ; le moyen
le plus simple, le moins coûteux, consiste à donner avec un fort
attelage un labour de 10 à 11 pouces ; ce travail coûte 24 à 30
francs par hectare : un effet analogue peut être produit par un
premier labour de 6 pouces et un second de 5 dans la même raie
qui coûteraient ensemble 36 francs ; si l'on donne deux labours
profonds dans la même raie pour avoir un défoncement de 14
pouces, on dépense 45 francs ; si après un labour profond
on place dans la raie douze à quinze hommes qui lèvent et jettent
sur la surface labourée une couche de 8 pouces, on dépense en
moyenne 100 à 120 francs ; enfin les frais s'élèvent de 240 à 300
francs si l'on travaille à deux fers de bêche et que l'on défonce
à 20 pouces. Ces diverses méthodes toutes employées dans les
différens cantons de la Dombes, prouvent la profondeur et
l'homogénéité du sol dans ce pays ; de pareilles façons données
en Bresse et presque partout ailleurs, amèneraient sur le sol
une couche infertile qui ne deviendrait productive qu'à force
de temps et d'engrais, ce qui prouve surabondamment ce que
nous avons précédemment énoncé, que le fonds des étangs est
une accumulation de terre végétale et par conséquent de terre
productive.

On s'accorde généralement à dire qu'il y a avantage à cultiver
le sol défoncé pendant deux, trois ou quatre ans, avant de le
mettre en prairie ; le système de culture serait donc le même
pour les parties de sol qu'on voudrait laisser en culture, que
pour celles qu'on voudrait réduire en prés.

D'ailleurs, le succès des récoltes de froment après la jachère
nous montre, à ce qu'il semble, la voie la plus économique à
suivre ; on pourrait donc se contenter, surtout lorsque le sol ne
serait point très-argileux, d'un labour de 7 à 8 pouces qui
romprait en plus grande partie le béton et ameublirait suffisamment le sol ; on ferait suivre ce labour d'un chaulage en compôt
qu'on recouvrirait par un labour léger, et le succès, nous le

pensons, serait déjà assuré; toutefois, dans un sol profond, nous préférerions beaucoup que l'opération commençât par un labour de 10 à 11 pouces.

Dans ce défoncement et le chaulage qui le suit, la terre a reçu toutes les conditions de fécondité nécessaires pour y faire une culture productive; la première année on y récolte du froment qui paie une grande partie des frais; le trèfle semé au printemps sur le froment donne, l'année suivante, un abondant fourrage; on fait ensuite succéder au trèfle les pommes de terre fumées.

Si l'on veut établir une prairie, on nivelle le sol pendant l'hiver; ce nivellement n'exige pas beaucoup de main-d'œuvre, parce que la culture en étang et le travail des eaux disposent assez naturellement le sol pour être mis en prairie; au printemps ou sème les graines de foin qu'on recouvre d'un engrais superficiel.

M. Greppoz, après l'année de défoncement et de chaulage, tire une récolte de pommes de terre, suivie, l'année d'après, par l'établissement de la prairie; M. Catimel, maire à Marlieux, cultive pendant trois ans au moins; il fume sa terre en outre du chaulage, et il pense que les deux premières années de produit du froment, du trèfle ou de la récolte sarclée, doivent couvrir, en outre du revenu ordinaire, les dépenses en labour, amendemens, engrais, nivellement et achats de graines de foin, qu'il évalue en masse à 375 francs par hectare; M. Catimel est un des hommes remarquables de Dombes, judicieux, plein d'intelligence et d'une volonté ferme, il aura pour sa part contribué beaucoup à l'amélioration de son pays; M. Crosier évalue cette dépense à 540 francs; M. Greppoz père à 600 francs; M. Greppoz fils à 360 francs; M. Bodin (Alexandre) à 380 francs. Ces différences dans les prix pour une même opération dépendent surtout de la profondeur du défoncement; mais dans toutes ces méthodes, deux ou trois années de culture avant l'établissement de la prairie, font rentrer pour les uns la totalité, et pour les autres la plus grande partie des avances.

Mais là comme ailleurs le succès n'est pas toujours en rapport avec les dépenses faites, en sorte que nous conseillerions de borner la dépeñse à 3 ou 400 francs, plutôt que de la porter à 5 ou 600 francs; les procédés dispendieux mettent l'opération hors de la portée de la plupart des cultivateurs; pour les plus riches même il y a tout avantage à l'appliquer à de grandes étendues plutôt que de la concentrer sur une moindre surface; quelle que soit la profondeur du sol, il est bien rare qu'il y ait un grand avantage à ramener à la surface celui qui se trouve à 20 pouces de profondeur; n'oublions pas le précepte de Caton : *Benè colere optimum, optimè pessimum;* dans tous les cas le grand défoncement ne peut convenir qu'au sol du fonds des étangs où les terres s'accumulent depuis long-temps.

Le fumier nous semble éminemment utile au premier établissement de la prairie; il ajoute à la chaux la condition essentielle qui lui manque, l'humus favorable aux produits des graminées, et il assure la récolte des premières années de la prairie; dans les années qui suivent, les anciennes eaux de l'étang, reçues et distribuées avec soin, serviront à entretenir la prairie dans sa fécondité; si elles ne suffisent point, des cendres ou de la chaux en compôt donnent abondance et qualité aux produits; M. Bodin a fumé avec un compôt de chaux une partie d'étang restée faible parce qu'elle n'avait point été suffisamment défoncée; cette partie est maintenant de beaucoup la meilleure, et elle lui produit au-delà de 250 francs par hectare (1); mais si au lieu de mettre la faulx dans ces prés on en fait des prés d'embouche, il n'y a aucun engrais, aucun amendement à ajouter; ils devien-

---

(I) M. Bodin nous a donné la composition d'un compôt, dont nous avons vu d'excellens effets sur ses prés.

Pour I mètre cube de chaux, 2 1/2 mètres cubes de gazons ou curures de fossés, I mètre cube de fumier sortant de l'étable, le tout disposé par lits alternatifs et mélangé en le coupant à la bêche après quelques mois écoulés; cette dose suffit à 26 ares de prés; pour un hectare le quadruple de cette dose peut être estimé: chaux, 60 francs; terre, 10 francs; fumier, 30 francs; en tout 100 francs: l'effet de ce compôt augmente au moins de moitié en sus le produit ordinaire, et il se fait encore sentir au bout de six ans.

nent au contraire de plus en plus féconds par le séjour pendant le jour et la nuit des bestiaux qu'on y engraisse.

§ X.

Déjà, comme nous l'avons dit, sur un grand nombre de points de Dombes, le système nouveau a dépassé dans ses produits les espérances qu'on pouvait concevoir; mais bientôt, par l'installation de M. Césaire Nivière à la Saulsaie, il recevra une impulsion plus vive, plus puissante; sa première opération, le desséchement de trente-deux étangs, rendra en grande partie la salubrité à cette propriété, condition absolument nécessaire pour l'établissement d'une culture exemplaire et d'une école d'agriculture.

Les bonnes pratiques qu'il introduira, il les inoculera à de nombreux élèves qui viendront se former à ses leçons; ces élèves, passant successivement de son école centrale, qui sera l'exploitation du domaine de la Saulsaie, à la direction des exploitations secondaires qui l'environnent, feront toutes les applications dont ils auront reçu les principes; et bientôt exercés dans la pratique et la théorie de la culture du pays, ils s'irradieront comme régisseurs habiles ou fermiers expérimentés sur toute sa surface; la commission conçoit donc de hautes espérances d'un pareil établissement pour la réalisation de l'avenir heureux qu'elle entrevoit pour le pays: un chef dévoué, habile, consciencieux, et surtout, disons-le hautement, professant des principes religieux et solides, ne peut manquer d'inspirer de son esprit cette colonie nouvelle; elle applaudit donc de tout son suffrage, de toutes ses forces à cet établissement naissant, et appelle sur lui avec instance l'aide du gouvernement et des administrations du pays.

§ XI. — *Question sanitaire et médicale.*

Dans tous les lieux où les eaux stagnantes couvrent le sol d'une couche peu épaisse et sur une certaine étendue, leur

évaporation partielle ou totale par les chaleurs de l'été, laisse
à découvert un sol imbibé d'eau, sur lequel se forment, se
dégagent des émanations malfaisantes qui altèrent plus ou moins
la santé des habitans ; telle est la cause principale de l'insalubrité
de la partie de Dombes couverte d'étangs.

Les fièvres intermittentes, endémiques, dans cette malheureuse contrée, atteignent, chaque année, une plus ou moins
grande partie de la population ; dans un grand nombre de
communes les décès l'emportent sur les naissances, et presque
toujours en raison directe de la quantité d'eau qui séjourne à la
surface du sol ou de l'étendue des étangs ; mais le mal ne se
borne malheureusement pas au voisinage des étangs, à la
commune même où ils se trouvent ; souvent leurs émanations
insalubres se portent à d'assez grandes distances ; ainsi, par
exemple, les marais et les étangs de Châtenay portent leur fâcheuse influence jusque sur les communes du littoral de l'Ain,
telles que *Villette, Bublane, Priay* et même *Varambon.*

Quant à l'insalubrité du pays, nous en accusons les marais
que forment les étangs tout autour de leur surface ; nous en
accusons les parties de leurs bords couvertes de fange, de débris
animaux et végétaux qui se découvrent par suite de l'évaporation, débris dont le soleil des mois de juillet et d'août opère la
décomposition avec ou sans l'intermédiaire de l'eau ; les émanations qui s'échappent de ce sol humide inondé ou desséché,
sont extrêmement contraires à la race humaine.

Nous voyons, après les inondations d'été, les communes qui
bordent les grands cours d'eau, et, par exemple, celles des
bords de la Saône, infestées de fièvres souvent du plus mauvais
caractère, par le seul effet des chaleurs de l'été sur le sol qu'a
recouvert un moment l'inondation, et qui représente cependant
à peine souvent le centième du territoire de la commune ; on
conçoit aisément, d'après cela, l'effet fatal dans les communes
inondées de la Dombes, d'une étendue relative beaucoup plus
considérable de sol fangeux qui vient d'être couvert d'eau crou-
pissante pendant plusieurs mois, et qui se découvre progressivement sous l'influence des chaleurs vives de l'été.

Les lacs, qui sont des étangs naturels dont les bords, lorsqu'ils sont à pic, sont souvent très-sains, deviennent au contraire très-insalubres, même en pays de montagne, lorsque leurs bords sont plats comme ceux des étangs ; ainsi, le lac de *Genève* à Villeneuve, le lac du *Bourget* au Bourget, les bords du lac *Morat*, ceux du lac de *Neufchâtel*, sont malsains partout où le sol se trouve à peu près au niveau des eaux.

Tout ce que l'on sait sur tous les pays et tout ce que nous a appris l'enquête, se réunit donc pour nous prouver l'insalubrité des étangs.

Il résulte encore des diverses réponses faites aux questions de l'enquête, que, ni les années sèches, ni les années très-humides, ne sont les plus abondantes en fièvres ; mais que ces maladies se déclarent, en général, lorsqu'à des temps de chaleur ou de sécheresse succèdent des pluies ; double circonstance qui arrive quelquefois au printemps, assez souvent pendant l'été, mais presque toujours au mois d'août et de septembre : cette dernière époque se caractérise particulièrement par des matinées, des soirées froides et des pluies qui refroidissent l'atmosphère ; c'est au moment de ces fraîcheurs que les fièvres sont les plus fréquentes et les plus dangereuses ; dans le printemps et l'été, l'action de la peau reprend son énergie par l'élévation de la température ; mais le contraire arrive en automne ; aussi les invasions sont-elles alors plus fréquentes, et les guérisons plus lentes et plus difficiles.

Il semblerait donc que le mal se détermine lorsque des refroidissemens subits de l'atmosphère viennent diminuer l'action de la peau ; alors les miasmes que la chaleur fait éclore sur les marais qui bordent toujours les étangs, ne peuvent plus être repoussés de l'organisation humaine par une transpiration soutenue, et la pénètrent, au contraire, au moyen des absorbans cutanés, en même temps que par les organes de la respiration.

D'ailleurs on pourrait croire que la pluie modifie ces miasmes eux-mêmes de manière à les rendre plus dangereux ; tout le monde connaît l'odeur qui se dégage après la pluie de la terre sèche, de la poussière, et particulièrement de la terre maréca-

geuse desséchée ; ces odeurs ou plutôt ces émanations passent
pour être malfaisantes, et, en effet, après les pluies chaudes de
l'été, surviennent souvent aussi des fièvres qui seraient dues à
cette cause.

L'air des pays malsains est sans doute bien le même que celui
qu'on respire ailleurs; il est chaque jour entraîné et remplacé
par des courans rapides ; mais à son passage sur le sol des étangs
il se modifie par les émanations qui s'échappent incessamment
de leurs rives, qui se mélangent à sa masse et en altèrent la
pureté.

Les chimistes n'ont pu analyser ces miasmes, ils échappent
à leurs recherches ; cependant MM. Rigaud de Lille et Julia
Fontenelle pensent qu'ils contiennent une matière végéto-ani-
male, d'une nature inconnue, qui serait la cause des fièvres
d'accès et des épidémies meurtrières qui sévissent si souvent
dans le voisinage des marais.

Lors de l'arrivée des pluies, les matières en décomposition
mouillées par elles, produisent des émanations plus légères que
l'air, parce qu'elles contiennent, ainsi que cela a été prouvé, une
assez grande proportion de gaz hydrogène ; or, en s'élevant du
sol, elles sont entraînées par l'impulsion des vents et rasent la
surface; elles sont arrêtées par tous les obstacles, par les habitations où elles pénètrent, mais surtout par les éminences du
sol où elles séjournent davantage et laissent une grande partie
de leurs principes délétères; de là la plus grande insalubrité des
lieux élevés qui nous a été confirmée par un grand nombre de
personnes interrogées dans l'enquête.

Nous avons dit que c'était après et pendant les pluies que se
déterminaient le plus grand nombre de fièvres : l'eau, ou au
moins l'humidité, serait donc, en quelque sorte, un élément
presque nécessaire au développement des principes insalubres.

Ainsi, l'eau qui s'évapore pendant le jour sur la surface
inondée, retombant en rosée lors du refroidissement naturel
qui se déclare au déclin et au couchant du soleil, dissout,
modifie les miasmes marécageux; cette humidité froide, qu'on
appelle le serein, la rosée, est donc nuisible non seulement

parce qu'elle vient imprégner le corps et supprimer la transpiration, mais encore et surtout parce qu'elle le pénètre des principes miasmatiques qu'elle tient en suspension.

Les étangs sont donc en Dombes la principale et presque l'unique cause de l'insalubrité, mais elle disparaîtra, ainsi que tous les marais qu'ils forment, si on cesse d'y retenir les eaux, parce que les étangs ont tous une pente suffisante, puisque tous se labourent, et tous s'écoulent en peu de temps et avec la plus grande facilité.

Toutefois, les bords de la Veyle, depuis *Chatenay,* ceux de la *Chalaronne*, du *Renon*, de la *Sereine,* par le défaut de curage, leurs contours sinueux, leurs lits resserrés, leurs biefs soutenus au-dessus du sol dans l'intérêt des usines, inondent les prairies, y forment des marais qui nuisent à la salubrité.

Leurs bassins ont à peu près autant de pente que le plateau qui les borde ; et, par conséquent, l'écoulement des eaux et l'assainissement de la surface se feraient naturellement et avec la plus grande facilité, si on curait, redressait, élargissait le lit des ruisseaux dans les parties où ils en ont besoin, et surtout si on baissait le niveau des usines trop élevées.

Quant à l'insalubrité dont on accuse la nature du sol, cette accusation ne paraît guère fondée en fait ; elle est rejetée par le plus grand nombre des autorités, et elle se réduit évidemment en Dombes à bien peu de chose, si l'on remarque que la salubrité a reparu partout où les étangs ont été desséchés.

Sans doute l'hygiène des habitans de Dombes pèche en beaucoup de points ; ils sont mal logés, mal vêtus, mal nourris ; ils ne s'abreuvent que d'eau ; leurs alimens ne sont point suffisamment toniques et animalisés : leur nourriture se compose particulièrement de gauffres de blé noir, de lait caillé, de pain noir de seigle, et d'un peu de viande salée.

Cette nourriture n'est mauvaise que relativement à l'insalubrité du climat qui aurait besoin d'être combattue par toutes les ressources de force, de santé et de résistance au mal que procure une bonne alimentation ; mais il serait difficile de rien changer à ce régime parce qu'il faudrait plus de richesse, ou plutôt moins de misère, de pauvreté aux habitans, pour pouvoir se mieux nourrir, se mieux vêtir et se mieux loger; mais ils peuvent du moins combattre le mal par des boissons rendues acides au moyen du vinaigre, rendues toniques par une minime proportion d'alcool; ils peuvent ne pas s'exposer sans vêtemens aux effets de la rosée du matin, au serein du soir; ils peuvent se dispenser de se gorger des mauvaises eaux des fossés et des étangs lorsque leurs grands travaux et la chaleur du jour leur ont causé d'abondantes transpirations; mais, on le répète, assainissez le pays, et ces imprudences, qui ne sont pas plus fortes là qu'ailleurs, n'amèneront point de résultat fatal.

Les émanations marécageuses doivent être considérées comme un véritable poison qui modifie l'organisme humain; elles pénètrent à l'intérieur soit par les organes absorbans qui aboutissent à la peau, soit avec les alimens qui les transmettent à la muqueuse digestive; mais encore et surtout elles s'introduisent avec l'air à chaque inspiration dans la muqueuse pulmonaire; c'est à l'influence de ces émanations sur l'organisation qu'elles pénètrent, que sont dues les fièvres endémiques des contrées marécageuses.

Si, à cette espèce d'empoisonnement miasmatique dont l'influence se fait plus particulièrement sentir dans certaines saisons de l'année, on ajoute l'action incessante de l'humidité de l'air, de celle du sol, d'une nourriture insuffisante ou de mauvaise qualité, de l'absence de toute précaution hygiénique, on se fera une idée exacte des différentes causes dont l'ensemble modifie si profondément l'organisme des habitans de la Dombes et leur donne une constitution toute particulière qui en fait une classe d'hommes à part.

Ainsi, les habitans de la Dombes comme ceux de la Sologne, d'une partie du Forez, lorsqu'ils ont été frappés à plusieurs reprises par la maladie et qu'ils n'y succombent pas, sont remarquables par une peau blâfarde, terne, décolorée; leur face est bouffie, terreuse; le tissu cellulaire est gorgé de sucs lymphatiques; le col est gros, les glandes prédisposées au

gonflement ; les viscères du bas-ventre , le foie et surtout la
rate se tuméfient (1) ; le tissu de tous les organes est ramolli ,
sans tonicité , sans ressort ; les contractions du cœur sont sans
énergie , le système musculaire sans force ; l'énervation est en
général languissante , aussi la marche est lente et comme chan-
celante ; leurs extrémités inférieures sont grêles, les articula-
tions sont volumineuses et surtout ils sont atteints d'ulcères
aux jambes ; la prédominance du système lymphatique sur le
sanguin et le nerveux est très-prononcée ; il en résulte une
prédisposition marquée aux catharres , aux œdèmes , aux hy-
dropisies partielles et générales.

Toutes les causes délétères agissant avec plus d'empire encore
sur les enfans que sur les adultes, ces malheureux présentent
souvent , dès les premières années de leur vie , un état d'atonie
et d'affaiblissement général de toute la constitution ; une partie
reste toujours valétudinaire, d'autant plus que les fièvres d'accès
et la *traîne* qui en est la suite viennent encore détériorer leur
organisation ; s'ils ne succombent pas en bas âge , ils sont en
proie à une vieillesse anticipée ; enfin ils meurent sans avoir
jamais joui de la plénitude de l'existence.

Il faut convenir qu'il existe quelques constitutions privilégiées
qui résistent à toutes les influences malfaisantes qui les entou-
rent, qui jouissent d'une santé parfaite et qui parviennent à
une grande vieillesse ; mais ce sont de rares exceptions à la
règle générale.

Ainsi donc , en considérant l'état des choses de ce pays plus
particulièrement sous le point de vue médical , nous arrivons
aux mêmes conclusions que nous avons précédemment expri-
mées. Nous redirons donc que la Dombes peut être facilement
assainie , que son climat peut redevenir salubre ; mais qu'il est
nécessaire pour cela que progressivement on arrive au desséchement des étangs qui en couvrent la surface et auxquels est
due à-peu-près toute son insalubrité.

(1) On remarque même que sous l'influence seule du climat et sans
la fièvre, on voit arriver l'engorgement des viscères, l'obstruction du
foie et l'hypertrophie de la rate.

§ XII.

Mais il est encore d'autres objections faites contre le désséchement des étangs sur lesquelles la Commission a cherché à recueillir des renseignemens dans le cours de l'enquête; les réponses qu'elle a reçues, l'examen des lieux, ont, à ce qu'il semble, beaucoup avancé leur solution; nous allons les analyser rapidement.

1° Sans les étangs, dit-on, les eaux des pluies causeraient en Dombes de fâcheuses inondations qui pourraient entraîner les moulins, les maisons du fond des vallons et nuire beaucoup aux villes de Montluel et de Châtillon.

Il est résulté de réponses à-peu-près unanimes que les deux tiers des étangs se pêchent en février et mars; or, à cette époque, les étangs qu'on a récoltés en avoine sont déjà aux trois quarts remplis par les pluies de l'automne et de l'hiver; il n'y a de vides que ceux qu'on a pêchés au commencement de l'hiver pour en faire geler le sol et les mettre en avoine au printemps; ceux-là on les défend soigneusement de la rentrée des eaux; au mois de février donc, moment de la fonte des neiges et souvent des grandes pluies, toutes les eaux qui ne peuvent plus entrer dans les étangs parce qu'ils sont à-peu-près pleins s'écoulent comme s'il n'en existait pas, et par conséquent la contrée doit en éprouver les mêmes effets qu'avant leur établissement; cependant il faut ajouter à ces eaux naturelles toutes celles des étangs en pêche; or, cette quantité est beaucoup plus considérable que toutes celles que les pluies peuvent donner pendant ce temps, puisqu'il faut évacuer en peu de jours toute l'eau qui a pu être reçue pendant une année et souvent plus par les deux tiers au moins des étangs du pays qui sont en pêche à cette époque; et que ces eaux représentent la moitié au moins de toutes les eaux de pluie que le terrain n'imbibe pas pendant tout le cours de l'année. Dans l'état actuel avec les étangs, les cours d'eau doivent donc évacuer en plus grande partie les eaux de pluie des mois de février et de mars et, en outre, la moitié de toutes celles qui tombent et s'écoulent du sol pendant toute l'année : les étangs ajoutent donc évidemment au danger des inondations au lieu d'y obvier.

Ajoutons à cela que, dans les grandes eaux, les chaussées d'étangs crèvent assez fréquemment, brisent successivement celles des étangs inférieurs, et que les masses d'eau qui se précipitent peuvent ainsi jeter sur tous les fonds placés plus bas des torrens d'eau qui entraînent tout sur leur passage; on se rappelle à Bourg que deux fois, de mémoire d'homme, toute la campagne environnante et la ville elle-même ont été inondées par la rupture de la chaussée d'un seul étang supérieur, à tel point qu'on fut obligé, dans le bas de la ville, de circuler avec des cuviers qui furent improvisés comme bateaux; les églises, les caves, les magasins du rez-de-chaussée en souffrirent beaucoup.

On a parlé dans l'enquête d'un étang de M. Greppoz, qui, en crevant, fit beaucoup de dégâts dans les environs de Montluel, et faillit emporter l'usine qu'a remplacée la fabrique de M. Aynard.

2º L'enquête a encore rappelé que lors de l'exécution de la loi qui ordonnait le desséchement, on éprouva des accidens d'inondation à Montluel; mais ces accidens provinrent des étangs qu'on leva simultanément sur les ordres terribles qui furent transmis; on conçoit bien que ces eaux, jointes à celles des pluies, aient pu causer des dégâts. Le décret était du 3 décembre 1793; ses dispositions frappaient de confiscation en cas de retard; on dut donc l'exécuter presque simultanément au printemps de 1794; il en résulta nécessairement de grandes eaux auxquelles se joignirent celles des pluies, et le cas dont nous venons de parler se présenta avec aggravation dans toutes ses circonstances, mais le mal fut encore dû aux étangs.

3º On dit encore que les bassins actuels des cours d'eau ne pourraient, sans les étangs, suffire au débit des eaux des pluies; mais puisqu'ils suffisent aux eaux accrues de celles des étangs, à plus forte raison leur suffiraient-ils sans eux; nous remarquerons ensuite que la Dombes renferme effectivement peu de

cours d'eau pérennes, mais que sa surface ondulée la découpe
en une foule de petits bassins dans lesquels s'établissent des
cours d'eau temporaires qui servent à l'évacuation des eaux ;
par suite de cette forme de terrain qui divise les eaux des pluies
et multiplie leurs moyens d'écoulement, il est évident qu'aucun
pays ne doit être moins sujet aux inondations dangereuses que
la Dombes.

Toutefois nous devons dire que la pêche des étangs qui a
souvent lieu pendant les temps de grande pluie, inonde les
bassins des ruisseaux, ce qui a fait généralement demander
dans l'enquête que leur lit fût redressé, élargi ; et on a dit, à
plusieurs reprises, que le curage à vieux fonds et vieux bords
ne pouvait suffire pour satisfaire à la fois aux besoins de la
salubrité, de l'assainissement et de l'amélioration des prairies
marécageuses.

Nous serions cependant disposés à croire que sans les étangs
et l'écoulement nécessaire à l'accumulation de leurs eaux, un
bon curage serait tout-à-fait suffisant, comme il l'était sans
doute avant leur établissement, époque, comme nous l'avons
vu, de prospérité et de population nombreuse.

4° Maintenant nous devons réduire à sa juste mesure la perte
que pourraient essuyer les moulins par le desséchement.

Et d'abord il y en a très-peu d'alimentés par les étangs, et
ceux-là ne donnent de mouture que dans les abondances d'eau,
époque où elle a peu de prix ; dans le cours de l'été, alors que
les eaux sont rares, ils ne peuvent rien prendre à leurs étangs
où l'eau manque déjà par l'effet de la sécheresse ; il y aurait
donc peu à perdre pour la mouture du pays par leur suppression.

Quant aux moulins sur les cours d'eau, ils reçoivent de l'eau
des étangs au printemps, alors qu'on les pêche, époque où elles
sont trop abondantes et par conséquent ils en profitent peu.
Ensuite les eaux des étangs qu'on pêche pendant l'été servent
peu aux moulins, parce qu'elles sont presque toujours reçues
par les étangs inférieurs dont elles couvrent le déficit, à moins
que les moulins ne la reçoivent immédiatement ; d'ailleurs on en
pêche un petit nombre dans cette saison ; enfin les eaux de sep-

13

tembre des étangs qu'on veut semer en froment sont arrêtées par les étangs où on a recueilli de l'avoine; les moulins, dans l'état actuel des choses, souffrent donc disette d'eau dans les mois de septembre et d'octobre, époque où ils en ont grand besoin pour compenser leur repos d'été, et où ils en auraient abondamment si on les laissait fluer naturellement sans les arrêter dans les étangs : les moulins sur les cours d'eau perdent donc au moins autant qu'ils gagnent au système des étangs; il y aurait donc au moins compensation sur cet article.

D'ailleurs, il est probable que dans la Dombes revenue à la prospérité on établirait des moulins à vent; le nombre s'en augmente en Bresse et les anciens continuent de marcher; le plateau en Dombes est encore plus élevé et plus découvert qu'en Bresse et ils y auraient plus de succès; celui de M. Guichard, par exemple, offre de notables ressources aux pays qui l'environnent.

5° Mais, ajoute-t-on, les puits seraient bientôt desséchés; et l'eau manquerait absolument pour abreuver les hommes et les animaux.

Comme nous l'avons dit, l'enquête a prouvé surabondamment que les eaux des puits de Dombes sont bonnes, abondantes, et qu'en approfondissant les mauvais, on rencontre toujours de meilleures eaux; les couches aquifères sont, il est vrai, à des distances inégales de la surface, mais partout on en rencontre; on ne nous a pas parlé d'un seul puits creusé sans trouver d'eau; un très-petit nombre sont alimentés par des infiltrations des étangs; en les creusant plus profondément, ils donneraient, comme tous les autres, de l'eau qui en serait indépendante.

Mais, dit-on encore, les puits ne peuvent fournir toute l'eau nécessaire aux bestiaux, aux lavages des lessives et aux besoins ordinaires des maisons.

En Bresse, les serves ou mares, en raison de la plus grande imperméabilité du sol et de leur profondeur, conservent mieux l'eau pendant l'été qu'en Dombes; on y emploie ces eaux et ces mares pour l'abreuvage des bestiaux, pour le lavage des lessives, etc. En Dombes, on les voit quelquefois tarir; mais il est évident que c'est parce que l'eau des étangs a dispensé les fermiers de les faire convenablement approfondir; plus profondes, elles tiendraient largement et sans la perdre l'eau nécessaire à tous les usages essentiels; car le sol où elles sont placées est le même que celui des étangs, et, par conséquent, doit tenir l'eau des mares aussi bien que celle des étangs.

7° On a encore accusé les mares d'être insalubres pour les hommes, malsaines pour les bestiaux; mais nous n'exagérons pas en disant que dans les trois quarts des exploitations de France il y a des mares, et que quand elles sont profondes et que les bords ne sont pas plats comme ceux des étangs, on ne les accuse nulle part d'être insalubres; en outre, il est de remarque que les bestiaux s'abreuvent beaucoup plus volontiers de ces eaux, alors même qu'elles reçoivent les égoûts des fumiers; cependant nous conseillerons d'éviter ces mélanges qui altèreraient les eaux des mares pour les lavages des lessives et pour les autres usages de propreté auxquels on peut les destiner.

§ XIII.

La conviction de l'avantage que les particuliers et le pays trouvent dans le desséchement des étangs est déjà acquise par beaucoup de bons esprits; ainsi le desséchement sera entrepris, nous l'espérons, sur un grand nombre de points; mais pour qu'il puisse s'étendre de manière a influer puissamment sur la salubrité et dans beaucoup de cas même pour qu'il soit possible, la bonne volonté des dessécheurs a absolument besoin d'être secondée par l'administration, par la législation même.

On a proposé ailleurs (1) d'exempter de l'appel, pendant la paix seulement, les conscrits mariés dans les pays où, depuis vingt ans, les décès surpassent les naissances; ce serait là un moyen d'appeler la population et de la faire croître rapidement.

Cette exemption temporaire ne serait que juste; il est de l'essence de tout impôt d'être perçu sur les produits nets; ici il

(1) Notice statistique de l'Ain.

n'y a point de produit net, il y a déficit au contraire; chaque année on dégrève les pays qui ont essuyé des pertes, devrait-il donc en être autrement de l'impôt du sang le plus lourd de tous? Ce ne serait point là un privilége, ce ne serait qu'une justice, surtout si on faisait cesser l'exemption dans le moment où la défense du pays appellerait ses enfans. Chaque année, on accorde des congés à un grand nombre de militaires comme *indispensables soutiens* des familles; ici, ce sont les *indispensables soutiens* du pays, et le pays, qui est la réunion de toutes les familles, a certes plus de droit à l'exemption que les familles individuelles.

Des petitions nombreuses sont faites à toutes les législatures pour des intérêts industriels bien faibles en comparaison de celui-là. Il est à croire que si, tous les ans, cette réclamation si juste arrivait aux chambres, le gouvernement et les chambres elles-mêmes finiraient par y avoir égard, surtout si l'on se bornait à demander cette faveur pour un temps déterminé.

Mais, dans l'exécution du desséchement, il se présenterait des obstacles où la mauvaise volonté d'un seul enchaînerait et asservirait les meilleures intentions d'un grand nombre; la loi, dans une question de cette nature, doit venir au secours de l'intérêt public et faciliter par ses dispositions une mesure si importante dans l'intérêt du pays.

Lorsque les étangs sont *indépendans* et qu'ils appartiennent à un seul propriétaire, sa volonté suffit pour arriver au desséchement; mais lorsque l'assec et l'évolage appartiennent à des propriétaires différens, lorsqu'ils sont *dépendans,* c'est-à-dire que l'eau de l'étang inférieur recouvre la chaussée de l'étang supérieur, lorsqu'ils se doivent les eaux, qu'ils sont grevés de la servitude de pâturage, qu'ils doivent leurs eaux à un moulin placé sur leur chaussée, la loi doit intervenir pour rendre possible le desséchement et donner aux propriétaires de l'étang la faculté de l'entreprendre.

Le double principe de l'indépendance de la propriété et de la cessation d'indivision est écrit dans toutes nos lois; les dispositions que nous demandons n'en sont que la conséquence.

Il n'y a point de fonds plus grevés, plus asservis que ceux des

étangs ; les co-propriétaires de l'étang, soit qu'ils possèdent
l'assec ou l'évolage, ne jouissent d'aucune liberté dans l'exercice de leurs droits de propriété ; celui de l'évolage ne jouit que
du fonds couvert d'eau ; celui de l'assec ne jouit que pendant
une partie de la troisième année, pendant le temps nécessaire
pour tirer du fonds une récolte de printemps ; les droits réciproques sont donc très-restreints, et la propriété de part et
d'autre très-assujétie ; d'un autre côté, la jouissance alternative
du fonds en eau pour les uns et en culture pour les autres,
constitue une véritable co-indivision, puisqu'il y a co-propriété,
sans désignation de quotité de fonds aux co-propriétaires ; on
pourrait donc encore invoquer le partage d'après nos lois ;
toutefois il ne semble pas qu'on doive y appliquer le principe
absolu de la nécessité du partage sur la demande d'une petite
portion seulement de la propriété comme dans les cas ordinaires ; l'étang s'est établi par convention mutuelle ; il y a
eu construction de chaussées, de thoux, de grilles, de rivières, etc., dépenses souvent plus fortes que celles nécessaires
pour bâtir une maison ; il y a eu, en outre, association et
consentement mutuel, en vertu duquel tous les travaux se sont
faits ; mais ces travaux et cette association sont nuisibles au
pays, asservissent le fonds et constituent une indivision : par
tous ces motifs, la loi autoriserait la dissolution de l'association, mais sur la demande seulement des propriétaires de plus
de la moitié de l'étang ; par cet accord, l'association finirait
naturellement, et le desséchement, dans ce cas particulier,
sollicité par le plus fort intérêt de la propriété, aurait encore le
caractère de spontanéité et d'acte volontaire que nous avons
demandé pour les étangs libres. D'ailleurs, en comptant l'assec
et l'évolage comme représentant chacun moitié de la propriété,
la majorité pourrait facilement s'apprécier.

Il semblerait d'abord qu'il n'y aurait pas besoin d'une loi
pour arriver à ce point ; un arrêt de cassation du 31 janvier
1838, après avoir reconnu la co-propriété et la co-indivision
des propriétaires d'assec et d'évolage, prononce en général
qu'on peut appliquer à ce cas la nécessité du partage ou de la

licitation, sur la demande de l'un des co-propriétaires; mais dans le cas spécial sur lequel a prononcé la Cour, le demandeur en partage était propriétaire de tout l'évolage et d'une partie des fruits de l'assec; c'est en sa faveur qu'on a prononcé qu'il pouvait exiger le partage; il y aurait là consécration de l'avis que nous venons d'émettre du partage sur la demande du propriétaire de plus de la moitié de l'étang; mais nous ne pensons pas que la Cour de cassation ait voulu attribuer le même droit à tout co-propriétaire quel que fût l'étendue de son droit, parce qu'ici le partage entraîne la transformation de la propriété, son changement de destination, et la destruction d'un établissement fait à grands frais; une loi seule pourrait le décider ainsi, en vue d'intérêt public; mais, dans l'état des choses, elle amènerait de bien grandes perturbations.

On appliquerait ce principe et cette disposition aux étangs dépendans, dans lesquels l'étang inférieur fait remonter ses eaux jusque sur la chaussée de l'étang supérieur; l'étang inférieur a bien toute sa liberté, mais il n'en est pas de même du supérieur; il ne peut se dessécher sans que l'inférieur ne s'évacue aussi; or, ces étangs pourraient être considérés comme un même fonds sous le rapport des eaux, puisque la même eau leur sert aux mêmes usages, et qu'ils ont dû nécessairement être faits par le concours volontaire des propriétaires; par conséquent, il y a eu entre eux association, et il y a une sorte de co-propriété et d'indivision; la loi dirait donc que ces étangs seraient considérés comme un même fonds, et que, par suite, comme pour le cas de la division en plusieurs mains de l'assec et de l'évolage, la volonté du propriétaire de plus de la moitié de la propriété entraînerait leur maintien ou leur desséchement.

Mais, dans le cas où l'assec et l'évolage sont dans des mains différentes, quelle serait la part de l'évolage et celle de l'assec dans le sol desséché? Il serait beaucoup à désirer que la loi pût déterminer elle-même la quotité de chacun dans le partage; cette mesure offrirait l'avantage de tout régler à l'avance sans frais, sans contestation, sans procès; les experts, en faisant le cadastre, avaient à décider cette question, et, pour attribuer à chacun sa part d'impôts, ils devaient déterminer la part du revenu net afférent au propriétaire de l'évolage et à celui de l'assec ; après plusieurs années d'expertise, ils se sont arrêtés à attribuer en moyenne trois cinquièmes du revenu du fonds à l'évolage, et deux cinquièmes à l'assec, en modifiant toutefois cette estimation lorsque l'évolage ou l'assec avait une valeur relative qui sortait des proportions ordinaires.

D'autre part, M. Varenne-Fenille, en traitant cette question, avait proposé d'attribuer cinq neuvièmes à l'évolage et quatre neuvièmes à l'assec ; enfin, l'un des propriétaires qui a le plus écrit sur les étangs, qui possède lui-même des évolages assez étendus, a proposé de leur attribuer à chacun moitié dans le fonds desséché ; il pensait qu'il était juste d'assigner à l'assec une part proportionnelle du fonds, plus grande que celle de son revenu, parce que le plus souvent, dans l'origine, il avait, à ce qu'on peut croire, cédé son fonds à l'étang, sans indemnité, sous la seule réserve de l'assec et du pâturage.

Dans le cours de l'enquête, les uns ont demandé une plus grande portion pour l'assec, d'autres une plus grande part pour l'évolage, d'autres enfin, en plus grand nombre, ont annoncé que les valeurs relatives de l'assec et de l'évolage étaient tellement variables qu'il fallait laisser cette décision à des experts.

Le législateur, dans sa sagesse, choisirait entre ces divers partis ; l'essentiel est que le desséchement soit rendu possible.

La commission a cru utile de s'assurer de l'étendue du droit des étangs sur les eaux qui y affluent ; les amis et les adversaires des étangs lui ont répondu unanimement que chaque particulier avait droit de se servir des eaux, pourvu qu'il les rendît à l'étang. L'usage et l'opinion générale paraissent donc tout-à-fait d'accord sur ce point ; et toutefois l'un des interrogés a répondu que le tribunal de Trévoux avait jugé le contraire et que son jugement avait été confirmé à Lyon. La commission a tout lieu de croire que ce jugement ne serait qu'une exception, un cas particulier ; s'il en était autrement il serait tout-à-fait à regretter qu'un privilège aussi exorbitant, une dérogation au droit commun, contraire à l'usage, à l'opinion générale, vînt à s'établir en ce moment en faveur du système d'inondation et aux dépens des intérêts agricoles les plus importans. La commission juge utile de consigner ici l'unanimité des avis qu'elle a recueillis comme une protestation contre une jurisprudence qui, dès ce moment, serait un obstacle aux améliorations et dont les conséquences pourraient être encore plus à craindre pour l'avenir.

D'ailleurs cette jurisprudence ne serait en aucune façon appuyée sur les seules autorités anciennes qui fassent règle en cette matière. Ainsi Revel dit *qu'on ne peut divertir par fossés, ni batardeaux, les eaux qui vont naturellement à l'étang, ni les faire couler ailleurs;* mais l'irrigation des prés ne détourne pas les eaux de leur cours naturel, elle les fait couler sur le fonds et non ailleurs que dans l'étang; le droit de l'étang se borne donc à pouvoir empêcher le propriétaire supérieur d'envoyer les eaux dans des lieux d'où elles ne retombent pas à l'étang.

Ainsi encore, Collet dit que les propriétaires des fonds supérieurs *ne peuvent empêcher le cours naturel des eaux au préjudice de l'étang, qu'il faut qu'elles arrivent à l'étang qui a été fait en vue de ces eaux;* mais l'emploi de ces eaux pour l'irrigation des fonds n'empêche pas qu'elles ne se rendent à leur destination; elles auront, il est vrai, perdu une partie de leurs principes fertilisans, mais ces principes viennent des fonds eux-mêmes qui ont bien le droit de les employer à leur profit.

Un ancien magistrat cependant, parmi les interrogés a répondu que chacun pouvait, sur son fonds, disposer des eaux pluviales, et les détourner, si cela lui convenait, du bassin de l'étang; mais la commission ne partage pas cette opinion; elle pense, avec l'unanimité des autres répondans, qu'il est plus convenable de s'en tenir aux anciens usages, que les étangs doivent continuer de jouir des eaux qui affluent naturellement dans leurs bassins; elle pense donc que, pour trancher nettement la question, la loi devrait dire que les eaux qui se rendent naturellement aux étangs desséchés ou non, ne doivent pas en être détournées pour être envoyées dans un autre bassin; par cette stipulation les étangs conserveraient leurs eaux, et les propriétaires, le droit de les employer à l'amélioration de leurs fonds.

La loi réglerait encore que les eaux des bassins qui arrivent à l'étang se partageraient entre les co-propriétaires du sol desséché, chacun en raison de son étendue; toutefois chacun d'eux recevrait pour son usage les eaux pluviales des fonds riverains de l'étang qui arriveraient naturellement à son fonds.

Il est encore des étangs grevés des servitudes de pâturage, de *naisage;* la loi ne doit reconnaître pour les étangs, comme pour les autres fonds, que les servitudes fondées en titre, et, pour ces dernières, la loi les déclarerait rachetables; il en serait de même pour les moulins assis sur les chaussées et qui n'appartiennent pas au propriétaire de l'étang.

Il en est d'autres qui, sans être *dépendans,* doivent leurs eaux à l'étang inférieur par titre, ce qui constitue une servitude; cette servitude serait rachetable comme la première; mais il ne pourrait être dû d'indemnité lorsque ces eaux se transmettraient sans titre, et l'étang supérieur pourrait se dessécher sans le consentement de l'étang inférieur; la transmission des eaux habituelles sans titre ne serait plus qu'un acte de familiarité et de bon voisinage qui ne peut entraîner de prescription; d'ailleurs l'étang inférieur, par l'effet du desséchement du supérieur, gagnerait d'un côté à-peu-près autant qu'il pourrait perdre de l'autre; lorsqu'ils sont tous deux en eau, l'étang supérieur retient les eaux toutes les fois qu'il en a besoin, ce qui, pendant l'été et en automne, nuit beaucoup à l'étang inférieur, pendant que dans le cas de desséchement du supérieur, l'inférieur les reçoit toutes immédiatement dans ces saisons où elles sont très-rares. L'indemnité pour les eaux que devrait par titre l'étang supérieur à l'inférieur devrait donc être très-faible.

Il est de principe que les établissemens insalubres doivent être limités dans leur nombre, plus ou moins éloignés des habitations, et ne doivent être permis qu'après des enquêtes préalables; toutefois la législation sur ce sujet est tout entière bornée à un décret de Napoléon qui a force de loi, et dans ce décret un assez grand nombre d'établissemens incommodes et malsains sont oubliés; or, les étangs sont évidemment de ce nombre; la loi devrait donc les ranger, pour l'avenir, dans cette catégorie, et à ce titre, elle stipulerait qu'aucun étang contenant plus d'un hectare ne pourrait être établi à moins de 500 mètres des habitations; mais comme leur influence se propage beaucoup au-delà de cette distance, la loi dirait qu'on ne pourrait dans une commune en construire de nouveaux ou en agrandir d'anciens qu'après une enquête *de commodo vel incommodo.*

Il serait aussi beaucoup à désirer qu'un village composé d'un certain nombre d'habitations pût exiger le desséchement de tout étang qui n'en serait pas placé à la même distance de 500 mètres; la commission hésite pour savoir s'il serait dû une indemnité; la prescription peut-elle s'établir en faveur d'un établissement qui attaque la santé publique? On ne peut pas, à ce qu'il semble, prescrire le droit de nuire à tous.

Avec ces dispositions législatives, l'opération serait grandement facilitée; et sans elles il devient impossible qu'elle puisse jamais arriver à présenter cet ensemble nécessaire à l'assainissement du pays; par ce motif, la commission a cru devoir les indiquer et insiste sur leur absolue nécessité.

§ XIV.

Mais, disent les opposans, ces dispositions seraient une atteinte à la propriété et doivent, d'après la loi constitutive, donner lieu à une indemnité? Cette opinion ne nous paraît pas fondée; la loi que nous demandons ne dépossède aucun propriétaire, ne proscrit aucune culture ancienne, et laisse tout changement, toute disposition nouvelle à la volonté des propriétaires; elle se borne à lever les obstacles que des combinaisons particulières ont mis à un changement de mode de jouissance qui nuit à la salubrité publique; et dans les dispositions proposées elle est loin d'user de tous ses droits à ce sujet, ou de suivre même les précédens établis par la législation dans la question de salubrité.

Ainsi les établissemens insalubres sont proscrits ou éloignés des habitations jusqu'à ce qu'ils ne puissent plus nuire.

Ainsi encore, toutes les fois qu'en France on a introduit la culture des rizières, le gouvernement est intervenu pour proscrire ce mode de jouissance; pour cultiver le riz on formait des marais artificiels contraires à la salubrité, et l'autorité les a proscrits; le droit de la société serait donc le même sur les étangs, la longue jouissance ne constitue pas un droit, et ne peut prescrire celui de nuire à la salubrité publique.

Lorsque des usines causent sur les fonds supérieurs des inondations contraires à la salubrité et aux produits agricoles par un niveau trop élevé, la loi ordonne leur destruction ou l'abaissement de leurs eaux; le propriétaire est ainsi dépouillé en tout ou en partie d'une force matérielle qui a souvent une grande valeur pour lui, et on ne lui accorde aucune indemnité parce que sa jouissance est regardée comme abusive.

Mais c'est dans la législation sur les marais que les droits de la société se trouvent encore plus nettement définis; le principe de droit naturel sur lequel est fondée cette législation, c'est que la société a le droit de faire dessécher les marais comme nuisibles à la santé publique; les ordonnances de Henri IV, celles de Louis XIV, la loi de l'Assemblée Constituante, celle de 1807 sont fondées sur ce principe commun; elles ont toutes été établies pour le cas où le propriétaire n'entreprendrait pas lui-même le desséchement; elles appellent alors des compagnies pour le faire, à défaut des propriétaires.

Les ordonnances des rois dans le XVIIe siècle expropriaient les possesseurs des marais au profit des compagnies qui devenaient propriétaires, en payant le prix du marais à dessécher. Plus tard, la moitié du fonds était donnée en indemnité au dessécheur; la loi de 1791 consacrait encore l'expropriation préalable du propriétaire au profit du dessécheur; la loi de 1807 qui régit encore la matière, investit le gouvernement *du droit d'ordonner les desséchemens qu'il juge utiles ou convenables;* les compagnies qui dessèchent, à défaut des propriétaires, reçoivent pour prix de leur travail une partie des bénéfices, et la loi n'admet l'expropriation qu'en cas d'opposition persévérante.

Le principe qui prescrit le desséchement des marais naturels

ne devrait-il pas s'appliquer à plus forte raison aux marais artificiels, et par conséquent aux étangs qui donnent naissance à
des marais faits et maintenus par la volonté des hommes?

Les marais, il est vrai, sont plus souvent le résultat des lois
naturelles indépendantes de l'homme, pendant que les étangs
sont autorisés par les usages; mais les usages peuvent-ils donner
des droits d'insalubrité, et peuvent-ils enlever à l'Etat son droit
inaliénable et le dispenser du devoir de protéger la santé
publique?

L'Etat aurait donc bien le droit d'ordonner le desséchement
des étangs, sans indemnité comme celui des marais, comme il
ordonne encore l'abaissement ou la destruction des retenues
des usines qui, comme les étangs, forment des marais artificiels,
et comme eux sont aussi autorisées par les usages et la longue
possession.

Cependant, pour les étangs, on ne pourrait ni ne devrait
appeler des compagnies étrangères; le desséchement des marais
est une question d'art souvent difficile, où il faut des connaissances spéciales et des capitaux considérables que possède rarement le propriétaire du marais; celui de l'étang, au contraire,
tous les deux ans, lève sa bonde et dessèche lui-même son
marais; il n'a donc besoin pour cela du secours de personne.

Mais dans l'intérêt du pays, autant que pour éviter une grande
perturbation, l'Etat ne doit pas user de tout son droit ni ordonner
le desséchement simultané des étangs; l'expérience a prouvé
qu'une pareille mesure entraînait les plus graves inconvéniens
sans compensation suffisante; elle n'est donc demandée par
personne, mais rejetée par tous.

Par les mesures proposées, au contraire, chaque propriétaire
conserve la faculté de continuer l'inondation de son fonds; et
dans le cas où la propriété est partagée entre plusieurs, et où
par conséquent l'étang constitue une association et une propriété
indivise, la loi accorderait la faculté au propriétaire de plus de
la moitié du fonds le droit de faire cesser l'inondation et par
suite l'indivision. On propose même que la loi continue l'espèce
de privilége que l'usage avait établi en faveur des étangs, de

recevoir, sans qu'on puisse les détourner dans un autre bassin, les eaux pluviales ou autres qui arrivent naturellement à l'étang ; on ne peut donc pas admettre qu'avec tous les droits que la société conserve sur la propriété dans la question de salubrité, de pareilles mesures puissent motiver en aucune façon une indemnité ; ces mesures ne sont d'ailleurs que l'application du principe général de la cessation d'indivision, principe encore grandement restreint, puisqu'on exige pour son application la demande formelle des propriétaires de plus de la moitié de la propriété.

Toutefois, nous l'espérons, malgré le peu d'énergie des mesures proposées, le but serait atteint avec du temps et de la patience ; puisque le desséchement reste facultatif, c'est de la conviction qu'il faut l'attendre ; cette conviction marche, et, secondée convenablement, elle doit faire de grands progrès ; elle est propagée par de grands propriétaires qui prêchent de paroles, d'écrits et surtout d'exemples : tous les autres ont vu ou pu voir les résultats matériels obtenus, et pour les obtenir, ces résultats, on n'a employé que les moyens connus que nous avons exposés et qui sont à la portée de tous.

Mais, nous croyons devoir le redire, un plus grand fait se prépare pour propager la conviction ; sous peu, un grand exemple partira du centre de la Dombes ; il sera produit par M. Césaire Nivière, homme dont le nom, le caractère et les connaissances sont une haute garantie ; ses résultats se développeront sur une grande échelle, et l'amélioration sera encore plus frappante, parce qu'elle s'étendra simultanément sur une grande surface : toutefois, dans l'état des choses, avec tous les faits déjà produits, sans attendre ceux que prépare M. Nivière, il n'est pas possible de révoquer en doute que l'étang défoncé et chaulé ne donne un produit beaucoup plus élevé que lorsqu'il était en eau ; nous l'avons dit et nous l'avons vu : des faits nombreux sur de grandes étendues l'ont prouvé dans toutes les parties du pays. A quel titre donc pourrait-on devoir une indemnité au propriétaire de l'étang qui a fait volontairement un travail qui, en assainissant son fonds, l'a rendu plus productif ?

Sans doute les avances nécessaires ne peuvent être faites par
tous ; mais le chaulage sur les autres fonds du domaine les
produira, ces avances; et puis, en divisant le travail, le défoncement seul de l'étang fait produire une récolte de froment qui,
après avoir payé le labour profond, produit encore la somme
nécessaire au chaulage.

Et remarquons bien que le produit plus grand de l'étang
desséché n'est que le retour à l'ancien état des choses ; l'exploitation y retrouve ses meilleures terres, ses meilleurs prés, ses
meilleurs fonds, avec lesquels le pays était, comme nous l'avons
vu, arrivé à être riche, populeux et sain; c'est là une bien
grande indemnité et qui ne coûtera rien à personne.

Mais cette indemnité qu'on demande à qui l'accorderait-on,
puisque les propriétaires de l'étang ne changent de position
qu'autant que cela leur convient? Serait-ce au propriétaire de
l'évolage? Mais en accordant à l'association par laquelle il est
asservi la faculté de se dissoudre, au lieu de la jouissance
temporaire du sol inondé sans droit de propriété définie, on lui
donne la faculté de pouvoir arriver à la propriété d'une moitié
du sol libre de toute servitude ; on ne peut donc trouver dans
cette position nouvelle qu'on lui fait le motif d'une indemnité.
Serait-ce au propriétaire de l'assec qu'on l'accorderait? Mais il
ne jouit du sol qu'un tiers au plus du temps, et on lui donne
la faculté de pouvoir en posséder la moitié en toute disposition :
l'assec non plus que l'évolage ne peuvent donc en recevoir.

Et puis qui la donnerait, cette indemnité? serait-ce l'Etat?
Mais bientôt les 200,000 hectares d'étangs de la France la de-
manderaient aussi comme les 20,000 de l'Ain; jamais donc nos
assemblées ne se décideraient à entreprendre un pareil sacrifice;
et si l'Etat ne pouvait la donner, ce serait donc les habitans du
pays auxquels on rendrait la santé : mais la salubrité est un droit
et un besoin de tous comme l'air, l'eau, la lumière; la société
la doit à ses membres lorsqu'elle est possible; tous donc doivent
y concourir; aucun n'a le droit d'y porter obstacle ni d'y nuire
en aucune manière.

Toutefois, comme il est question d'une opération éminemment

utile au pays, qu'il s'agit de rappeler à la salubrité et à la prospérité le tiers de l'étendue d'un département; comme l'exemple
qui partirait de ce point pourrait bientôt s'étendre sur les pays
d'une position analogue, que les étangs rendent insalubres et
qui s'élèvent à un sixième de l'étendue du sol français; le gouvernement doit y porter les plus grands encouragemens; il doit
provoquer l'opération du desséchement par des primes, par des
distinctions honorifiques aux propriétaires qui en auront donné
les premiers l'exemple; c'est là en quelque sorte une colonisation à faire qui ne coûterait que de bien légers sacrifices; en
rendant la salubrité à cette grande partie du sol français, la
fécondité y reparaîtrait; bientôt une population double, triple,
et des produits sans aucun rapport avec les produits anciens,
seraient une bien grande compensation des sacrifices de soins,
d'argent et de temps que l'État pourrait faire.

Mais le département lui-même, au sein et au profit duquel se
ferait une semblable opération, doit, par l'organe de ses administrateurs, de ses premières autorités, pousser à l'accomplissement de l'œuvre, encourager les propriétaires, aider par des
primes et tous les moyens en son pouvoir, les établissemens
agricoles qui se proposeraient pour but l'assainissement et
l'amélioration du pays.

Enfin, les Sociétés agricoles, remplissant leur mission, doivent aider de leurs conseils la marche rapide de cette puissante
amélioration; elles doivent désigner à la reconnaissance publique les hommes dévoués qui se sont portés sur la brèche,
qui, sans crainte de blesser d'anciens préjugés, sont entrés les
premiers dans une carrière qui n'était pas sans difficulté, et ont
si complètement résolu le problème du plus grand produit du
sol desséché.

Telles sont les indemnités, les compensations que demande
la Commission pour ceux qui seront entrés les premiers dans la
carrière du desséchement; elle ne les demande pas comme une
dette légale, mais comme encouragement, comme moyen de
propager et de hâter une opération dont le résultat doit être si
éminemment utile au pays.

§ XV.

Prête d'achever sa tâche, la Commission croit devoir se plaindre de la manière dont on a dénaturé les intentions de l'administration et par suite les siennes propres.

On a dit dans tout le pays qu'on voulait un desséchement général et immédiat, et qu'au besoin la force armée irait lever les thoux des étangs ; on est, par ce moyen, parvenu à ameuter les opinions, à passionner les individus, et au moins à inspirer de la défiance.

La mission de la Commission, prescrite par le conseil général, était toute dans l'intérêt du pays ; on lui a dit en la commettant : Un grand mal existe, indiquez-nous, s'il se peut, les moyens d'y remédier. Ces moyens, elle est allée les demander au pays lui-même ; elle a cru trouver dans les renseignemens qui lui ont été fournis, dans ses propres investigations, dans l'examen attentif des choses, qu'il était possible de faire renaître dans un pays maintenant malheureux une prospérité qu'il avait autrefois connue, et à laquelle les qualités de son sol lui donnent les plus grands droits.

Elle propose à l'administration, au pays, ses vues pour arriver à ce but ; elle peut se tromper dans ses espérances, dans ses prévisions ; cependant les améliorations qu'elle propose d'étendre sont palpables, et elles s'appuient sur l'expérience acquise en un grand nombre de points.

Pour s'acquitter de son mandat, la Commission a dû provoquer, dans l'enquête, des renseignemens de toutes les nuances d'opinion et des positions diverses des cultivateurs et des propriétaires dans le pays ; en examinant les choses de près et sur les lieux, en résumant et balançant tous les élémens obtenus, elle est arrivée à une opinion ; cette opinion lui était demandée dans son mandat ; elle a donc dû l'émettre avec toute franchise ; elle devait aussi la développer et donner à son appui les raisons qui la lui ont fait embrasser ; elle devait encore recueillir, pour les conserver, toutes les notions de quelque importance qui lui

ont été données sur le pays : ce sont là les motifs qui lui ont
dicté sa marche, et qui justifient les développemens de son
rapport.

S'il arrive que sa mission ne soit suivie d'aucun résultat
positif, si le gouvernement ne se décide pas à venir au secours
du pays, tout au moins son travail n'aura pas été sans but utile;
elle aura constaté l'état des choses dans le moment actuel, dans
un moment qui lui semble un point de départ pour un meilleur
avenir; elle aura éclairci des doutes qui présentaient de grandes
difficultés, constaté des faits, résolu des objections, enfin
recueilli des élémens d'une utilité présente et à venir pour une
partie importante du pays.

§ XVI.

Avant de terminer, nous remarquerons que quinze personnes,
interrogées individuellement, ont demandé le desséchement des
étangs, pendant que vingt-quatre ont demandé leur maintien;
en retranchant les doubles emplois, en comptant les signataires
des pétitions d'une part, ceux de la protestation de l'autre, et
de part et d'autre les adhésions données dans l'enquête, nous
avons 86 pour le desséchement et 100 pour le maintien.

Si cette question devait se décider par les votes individuels et
non par la puissance des raisons et l'intérêt public, il est hors
de doute que le nombre des dessécheurs serait moindre que
celui des opposans.

Mais si d'autre part on voulait balancer la puissance des intérêts territoriaux, il y aurait parmi les dessécheurs trois fois
plus d'étendue en étang et en terre, que parmi les conservateurs
des étangs.

Et remarquons que la plupart des propriétaires qui veulent le
desséchement habitent le pays et le cultivent eux-mêmes (ils
doivent sans doute le connaître), pendant que la plupart des
opposans notables en sont éloignés; parmi ces derniers, plusieurs sont fermiers de grandes terres, mais ils ne représentent
ni la propriété, ni les propriétaires, mais seulement leur intérêt

14

temporaire qui consiste évidemment à conserver sans modification un état de choses dont le profit actuel pour eux est nettement établi.

Lors de la discussion soulevée il y a trente ans par M. Piquet, il n'eut pas en faveur de son opinion un seul propriétaire d'étangs ; aujourd'hui ils se lèvent nombreux, ils se croisent pour le desséchement ; c'est bien la conviction poussée au plus haut degré qui les anime ; ils sont bien convaincus que l'intérêt actuel, et surtout l'intérêt à venir du pays, demande ce desséchement ; ils font reposer sur cette opération leur intérêt propre et celui de leur famille ; ils ont adopté ce pays pour y vivre et y mourir, mais ils voudraient le voir salubre et fécond. Honneur donc à leurs travaux, alors même que le pays resterait en arrière de leurs bons exemples ! ils y auront toujours semé des germes féconds qui ne peuvent tarder d'éclore, et ils recevront plus tard des bénédictions des enfans de ceux mêmes qui dédaignent aujourd'hui leurs conseils, méconnaissent et calomnient leurs bienveillantes intentions.

Puisse maintenant le corps dont les délibérations sont appelées à discuter et à régler les intérêts généraux et particuliers du pays, seconder l'administration dans les nobles efforts qu'elle tente pour améliorer une contrée maintenant malheureuse, mais appelée par la nature à de meilleures destinées !

Chalamont, le 23 août 1839.

CHEVRIER-CORCELLES, *Président de la Commission.*
BOTTEX.
HUDELLET.
PINGEON.
JAEGER.
THIÉBAUD, *Secrétaire.*
M.-A. PUVIS, *Rapporteur.*

TABLE DES MATIÈRES.

d'assec. — Nécessaires dans quelques pays pour la navigation, — servent ailleurs pour l'irrigation des prairies. — Les étangs occupent le meilleur sol — nuisent beaucoup aux produits de tout l'ensemble.

Des conditions nécessaires à l'établissement des étangs.

§ Ier. — De la pente du sol.

Nécessité d'une grande pente pour les établir. — Etangs dépendans.

§ II. — De la configuration du sol.

Le sol doit être coupé en petits bassins qu'on barre par une chaussée. — Pente longitudinale plus faible, — latérale plus forte. — Les étangs ne peuvent s'établir dans un pays marécageux. — Pays d'étangs ont peu de marais.

§ III. — Nécessité d'étangs nombreux et voisins.

§ IV. — Les étangs doivent être élevés au-dessus du bassin des rivières qui leur servent de débouchés.

§ V. — Nature du sol et son imperméabilité.

Terrains blancs. — Terres à bois. — Boulbenne, — Gault, — même nature de sol, — très-peu perméable, — se retrouve en un grand nombre de lieux. — Saturé d'eau la conserve et ne la laisse point passer. — Imperméabilité du sol non absolue. — Infiltrations plus fortes que la quantité de pluie. — Nature des végétaux qui conviennent à ce sol, — Son tassement par le séjour des eaux, — dû à une même formation, — occupe en France un tiers au moins de l'étendue, — tous les pays d'étangs et une grande partie des bords de la Loire. — Etangs sur sol calcaire ; — leur fécondité.

§ VI. — De l'abondance des eaux de pluie nécessaire aux pays d'étangs.

Etangs alimentés par les eaux pluviales, par les cours d'eau.

§ VII. — Dimensions des eanaux d'entrée, de vidange et de trop plein.

Evaluation de l'eau du canal de vidange. — Détermination de ses dimensions, — de celles de l'œil qui y introduit les eaux. — Tableau des dimensions de l'œil pour les étangs à une et deux bondes. — Canal de débit supplémentaire. — Bachasse borgne.

§ VIII. — Dimension des grilles.

Calcul de ces dimensions. — Tableau qui les désigne.

§ IX. — Dimensions du canal vertical de trop plein.

Se fixent d'après le tableau qui précède. — Insuffisantes pour des étangs dont l'eau affluente dépasse 300 litres.

§ X. — Moyens d'empêcher les fuites d'eau.

Digue circulaire derrière la chaussée. — Interruption du canal. — Fagotées.

§ XI. — Rivière de ceinture.

Avantages et inconvéniens.

Détail des dépenses de construction d'un étang.

Résumé.

De l'empoissonnement.

§ Ier. — La carpe.

Sa croissance. — Se ralentit avec l'âge. — Moyens de multiplication. — Carpeaux.

§ II. — Le brochet.

Croissance. — Multiplication. — Séparation des sexes.

§ III. — Etangs pour le poisson de vente.

§ IV. — Pêche à deux ans.

Arrêter l'eau immédiatement après la récolte. — Grandeur de l'empoissonnage égal. — Avantages de son site. — Quantité par hectare dans les sols bons, médiocres, mauvais. — Proportion des tanches, des brochets. — Mettre le brochet au bout de la première année. — Le nombre proportionnel des espèces de poissons varie avec la qualité du sol. — Dans le Forez et la Sologne, empoissonnage plus nombreux. — Plus faible dans la Brenne. — Utilité du brochet pour la qualité et la beauté de la carpe.

§ V. — Pêche à un an.

Utilité de l'empoissonnement avant l'hiver. — Deux tiers en nombre de l'empoissonnage à deux ans. — Difficulté du transport du brochet. — Valeur relative des empoissonnages d'un à deux ans. — Seconde pêche à un an, — inférieure d'un dixième à la première.

§ VI. — Pêche folle.

Première année, moitié de l'empoissonnage en carpes. — Le même en tanches sans brochets. — Mettre en automne le double de brochets d'un poids double. — Produit beaucoup de brochets, — de bonnes carpes, — de gros empoissonnages. — Son succès dépend de la pose de la première année; — dite pêche folle en raison de sa casualité.

Précautions contre les glaces. — Perte par les orages. — par les animaux ictiophages.

Mode de pêche, — le même dans tous les étangs au moyen du bief et de la pêcherie. — Précaution nécessaire pour rassembler le poisson. — Pêche par le vent du nord. — Eviter la pluie.

milieu du XVIIIe siècle. — Les deux tiers depuis le commencement
du XVIIe. — Leur établissement n'est pas dû à la puissance féodale.
— Acte de notoriété de Villars. — On ne pouvait établir des étangs
sans indemnité ou sans donner part dans l'assec et l'évolage.

constituent une association co-indivise. — Nécessité de la loi pour la dissoudre à la volonté de la majorité des associés. — Arrêt de cassation favorable. — Etangs dépendans. — Résultats de l'association. — Se considérerait comme une seule propriété. — Part de l'assec, part de l'évolage dans la propriété. — Eaux qui fluent aux étangs. — Faculté de s'en servir contestée injustement. — Appartiennent aux fonds qu'elles traversent, à la charge de ne pas les conduire dans un autre bassin. — La servitude d'eau et de pâturage ne doit s'établir que par titre. — Doit être déclarée rachetable. — Etangs doivent être rangés par la loi dans les établissemens insalubres. — Leur dessé-chement doit être accordé aux groupes de maisons éloignées de moins de 500 mètres.

www.ingramcontent.com/pod-product-compliance
Lightning Source LLC
Chambersburg PA
CBHW070506200326
41519CB00013B/2735